国家骨干高职院校建设

机电一体化技术专业（能源方向）系列教材

煤矿机电设备技术管理

苏　月　主　编

王晓奇　副主编

袁　广　主　审

化学工业出版社

·北京·

本书立足于对实际能力的培养，围绕煤矿机电设备技术管理岗位的能力要求，以典型工作任务为中心，使学生在完成具体任务的过程中来构建相关理论知识，并发展职业能力。具体内容包括煤矿机电设备的资产管理，煤矿机电设备的使用、维护和保养，煤矿机电设备的安全运行和事故管理，煤矿机电设备的检修管理，煤矿机电设备的配件管理，煤矿机电设备的改造与更新管理六个任务。

本书可作为高职高专院校相关专业学生的教材，并可供煤矿机电技术领域管理人员、技术人员参考。

图书在版编目（CIP）数据

煤矿机电设备技术管理/苏月主编．—北京：化学工业出版社，2014.5（2024.2重印）

国家骨干高职院校建设机电一体化技术专业（能源方向）系列教材

ISBN 978-7-122-19942-3

Ⅰ．①煤…　Ⅱ．①苏…　Ⅲ．①煤矿-机电设备-技术管理-高等职业教育-教材　Ⅳ．①TD6

中国版本图书馆CIP数据核字（2014）第039792号

责任编辑：韩庆利　　文字编辑：谢蓉蓉
责任校对：宋　玮　　装帧设计：张　辉

出版发行：化学工业出版社（北京市东城区青年湖南街13号　邮政编码100011）
印　　装：北京虎彩文化传播有限公司
787mm×1092mm　1/16　印张8¾　字数211千字　　2024年2月北京第1版第4次印刷

购书咨询：010-64518888　　售后服务：010-64518899
网　　址：http://www.cip.com.cn
凡购买本书，如有缺损质量问题，本社销售中心负责调换。

定　　价：38.00元

前 言

煤矿机电设备技术管理是煤矿机电技术领域管理人员、技术人员必备的知识与技能。本教材立足于学生职业能力提升的要求，对内容设计与开发的标准做了根本性的改革，并围绕煤矿机电设备技术管理岗位的能力要求，以典型工作任务为中心，使学生在完成具体任务的过程中来掌握相关理论知识，并发展职业能力。在任务的设计中既考虑了煤矿机电设备应用中的典型性，又兼顾了学生职业能力的养成与可持续性发展。每一个学习任务都是以典型工作任务为中心整合理论与实践，实现理论与实践的一体化。

在内容的编排上，充分考虑学生的认知水平，由浅入深地安排任务的内容，实现能力的递进，同时考虑哪些任务需要的知识与技能相对简单，从而对任务进行排序。经过行业、企业专家深入、细致、系统的分析，全书最终确定了煤矿机电设备的资产管理、煤矿机电设备的安全运行管理等六个学习任务。这些任务主要突出对学生职业能力的训练，其理论知识的选取紧紧围绕工作任务完成的需要来进行，具有一定的综合性，以满足学生可持续发展的要求。

本书的参考学时为 48 学时，各院校可根据专业教学要求进行取舍选用。

本书由苏月任主编，王晓奇任副主编，袁广主审，王京、武艳慧、牛海霞、刘玲、赛恒吉雅参编。具体编写分工如下：前言、绪论及任务一由苏月、王京编写，任务二由苏月、武艳慧编写，任务三由苏月、赛恒吉雅编写，任务四由王晓奇编写，任务五由王晓奇、牛海霞编写，任务六由王晓奇、刘玲编写。

在本书编写过程中得到了鄂尔多斯市天地华润煤矿装备有限责任公司王秋月的大力支持，在此表示衷心感谢。

由于编者水平有限，书中难免有不足和疏漏之处，恳请广大读者批评指正。

编 者

目 录

课程概论

一、课程基本描述

1. 本课程的重要性

现代企业要求工作人员具有综合能力，既掌握专业技术又熟知管理方法。在人们的生产生活中，都不可避免地涉及设备管理问题。设备管理工作的优劣，不仅影响设备的使用寿命，同时也关系到企业的经济效益。对煤炭生产企业而言，设备的好坏不仅直接影响煤炭产量和生产任务，还有可能造成重大事故，危及人员生命和矿井安全。因此，学习和掌握设备管理技术对降低成本、保证安全生产、提高企业经济效益、建设资源节约型和环境友好型社会、保持企业可持续发展都具有十分重要的意义。

2. 本课程学习要求

（1）理解设备寿命周期，掌握设备寿命周期的规律和特点。

（2）掌握设备综合管理理论，对设备的规划、设计、制造、选型、购置、安装、使用、维护、维修、改造、更新直至报废的各阶段管理方法和特点有深刻的认识和体会。

（3）紧密联系生活实际，理解设备管理工作的必要性和重要性。

（4）积极参加社会实践和生产实习，多观察、多思考，注重资料收集，善于总结。

（5）认真完成学习任务，锻炼并掌握实际工作技能。

二、基本概念

设备是人类生产或生活所需要的各种器械用品的总称。按照政治经济学的观点，设备属于生产工具，是构成生产力的要素之一；而生产工具是衡量人类改造自然、征服自然、创造出人类自身需要的物质资料的能力。这种能力是发展水平的客观尺度，是人类改造自然能力的物质标志。

机电设备是机械设备、电气设备和机电一体化设备的总称。煤矿机电设备则主要是指煤炭生产企业所使用的机电设备，其特点主要是煤矿井下的机电设备要具备防爆性能。煤矿机电设备可分为两大类，一类为煤矿机械设备，主要包括采煤机械、运输机械、回采工作面支护设备、掘进机械、提升设备、矿井排水设备、矿井通风设备和矿井压气设备；另一类为煤矿电气设备，主要包括变压器、电动机、高压电器、低压电器、矿用防爆型高低压电器、矿用成套配电装置和电测仪表。

设备管理是随着工业企业生产的发展，设备现代化水平、科学技术的不断提高，以及管理科学、环境保护、资源节约等产生、发展起来的一门学科，是将技术、经济和管理等因素综合起来，对设备进行全面研究的科学。设备管理是以企业生产经营目标为依据，通过一系列的技术、经济、组织措施，对设备的规划、设计、制造、选型、购置、安装、使用、维护、修理、改造、更新直至报废的全过程进行科学的管理。它包括设备的物质运动和价值运动两个方面的管理工作。设备管理是企业管理的重要组成部分。

三、设备管理的任务、目的和意义

1. 设备管理的基本任务

设备管理的基本任务是，正确贯彻党和国家的方针政策，通过一系列的技术、经济及组织措施，对企业的主要生产设备进行的规划、设计、制造、购置、安装、使用、维修、改造更新直至报废的全过程进行综合管理，从而达到设备寿命周期费用最经济、综合效率最高的目标，也就是要做到全面规划、合理选购、正确使用、精心维护、科学检修、及时改造更新。

设备综合管理是在总结我国建国以来设备管理实践经验的基础上，吸收了国外设备综合工程学等观点而提出的设备管理模式。其具体内容是：坚持依靠技术进步、促进生产发展和以预防为主的方针；在设备全过程管理工作中，坚持设计、制造与使用相结合；维护与计划检修相结合；修理、改造与更新相结合；专业管理与群众管理相结合；技术管理与经济管理相结合的原则。运用技术、经济、法律的手段管好、用好、修好、改造好设备，不断改善和提高企业技术装备素质，充分发挥设备效能，以达到良好的设备投资效益，为提高企业经济效益和社会效益服务。

2. 设备管理的主要目的

设备管理的主要目的是，用技术上先进、经济上合理的装备，采取有效措施，保证设备高效率、长周期、安全、经济地运行，进而保证企业获得最好的经济效益。

3. 设备管理的意义

设备管理是保证企业生产和再生产的物质基础，是现代化生产的基础，是一个国家现代化程度和科学技术水平的标志。搞好设备管理不仅是一个企业保证简单再生产必不可少的一个条件，同时也对提高企业生产技术水平和产品质量、降低消耗、保护环境、保证安全生产、提高经济效益，以及推动国民经济持续、稳定、协调发展都有极为重要的意义。

四、煤矿机电设备管理的范围和内容

1. 设备管理的范围

煤矿机电设备管理的范围主要是指煤炭生产企业所拥有的、符合设备定义条件的所有机电设备。主要可分为以下 7 类：

① 煤矿运输提升设备。
② 煤矿采掘设备。
③ 煤矿固定设备。
④ 煤矿安全监测仪器设备。
⑤ 煤矿支护设备。
⑥ 煤矿供电与电气设备。
⑦ 煤矿机械设备修理与装配设备。

2. 设备管理的内容

设备管理的内容主要包括设备的前期管理，设备的基础管理，设备的使用维护与保养管理，设备的检修管理，设备的润滑管理，设备备品备件管理，设备安全运行管理，设备的改造与更新管理，设备的操作、使用、管理人员的培训等。要贯彻设备综合管理的“一个方针”、“五个原则”，要充分发挥计划、组织、指挥、监督、协调和控制的功能，要做好标准化工作、定额工作、计量工作，以及信息传递、数据处理和资料储存等工作，坚持以责任制为核心的规章制度。要加强设备管理创新，促进企业可持续发展，构建资源节约型、环境友好型企业。

3. 设备管理的组织机构

为保证企业生产经营活动能够正常进行，贯彻企业方针，实现企业目标，必须建立一个

统一的、强有力的、高效的生产指挥和经营管理系统，即设置必要的、合理的组织机构，并且配备能够胜任工作的人员，明确职责分工，建立必要的规章制度。

(1) 组织机构的设置原则　企业组织机构的设置，在考虑企业的生产规模、特点、技术装备水平、经营管理水平等因素的情况下，通常应遵循以下原则。

① 分工协调原则。

② 管理幅度原则。

③ 责、权、利相符原则。

④ 统一指挥原则。

⑤ 精干高效原则。

(2) 企业组织机构的形式　企业的组织机构由于行业、生产规模和生产能力水平的不同，采用的形式也不同。目前常用的组织机构形式有直线职能制、事业部制、矩阵结构等。

(3) 煤炭生产企业机电管理组织　煤炭生产企业机电管理组织，一般实行局（公司）、矿（厂）、区（分厂、队、车间）三级管理，矿务局设置机械动力处，煤矿设置机电科。现代大型或超大型煤矿机电管理均设置机电管理科。集权型煤矿机电管理组织机构如图 0-1 所示。

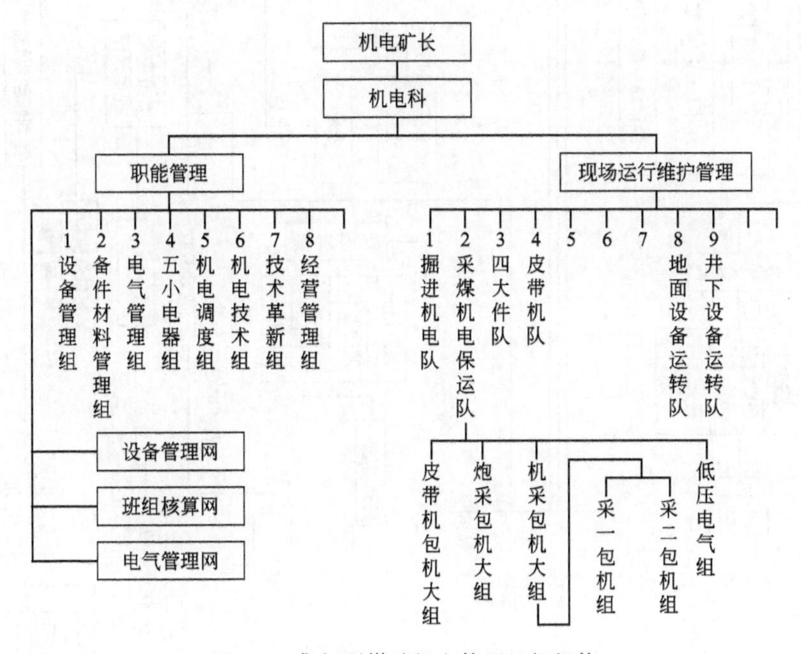

图 0-1　集权型煤矿机电管理组织机构

现代煤矿机电设备管理流程如图 0-2 所示。

(4) 煤矿机电管理的几项基本工作

① 目标管理　目标管理的基本内容是企业根据市场调查、预测和决策确定年度或某一阶段的生产经营总目标，包括计划目标、发展目标、效益目标等。然后将企业总目标展开，从上到下，层层分解为部门、车间、班组和个人目标。过程中有监督、检查和评比。

② 标准化管理　标准是对技术经济活动中具有多样性、相关性特征的重复事务，以特定的程序和形式颁发的统一规定；或者是衡量某种事物或工作所应达到的尺度和必须遵守的统一规定。标准按使用范围可分为国家标准（GB）、专业标准（ZB）、企业标准（QB）和国

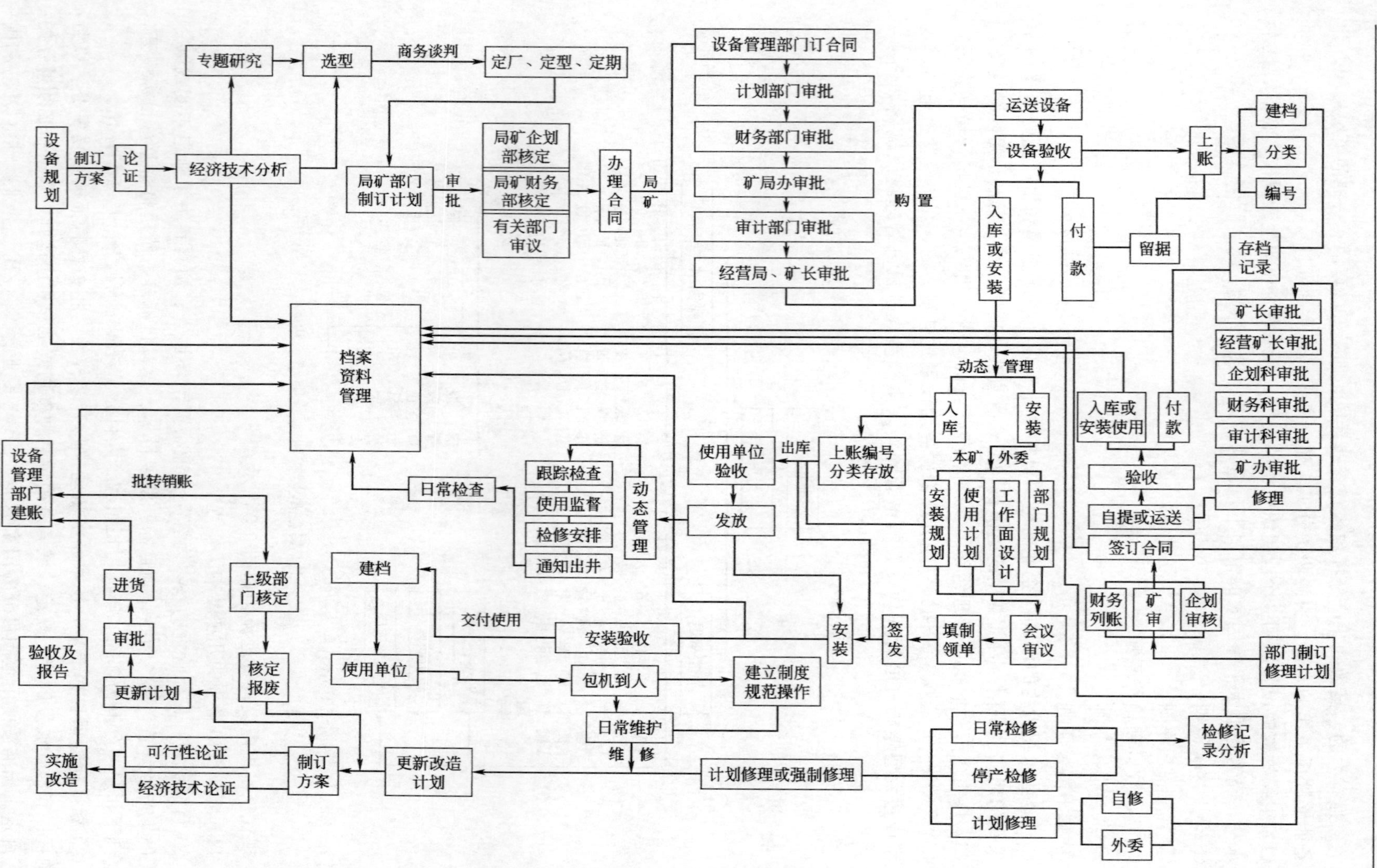

图 0-2 现代煤矿机电设备管理流程

际标准；按标准性质可分为技术标准和管理标准两大类。

1987年煤炭工业部颁布的《煤矿生产矿井质量标准化》，包括采煤、掘进、机电、运输、通风五个方面的标准，其中机电设备方面有三类十六种标准。2003年，《煤矿安全质量标准化标准及考核评比办法（试行）》颁布。煤矿安全质量标准化的内涵是：矿井的采掘、机电、运输、通风、防治水等生产环节和相关岗位的安全质量工作，必须符合法律、法规、规章、规程等规定，达到和保持一定的标准，使煤矿始终处于安全生产的良好状态，以适应保障矿工生命安全和煤炭工业现代化建设的需要。2013年，《煤矿安全质量标准化考核办法（试行）》和《煤矿安全质量标准化基本要求及评分方法（试行）》。

③ 建立健全各项规章制度　规章制度是用文字的形式，对各项管理工作和劳动操作的要求所做的规定，是企业职工行动的规范和准则。煤矿企业机电设备管理主要有机电设备管理制度、机电事故管理制度、防爆电气设备管理制度和岗位责任制度等。

五、煤矿机电设备管理的地位和作用

在我国现代化煤矿中，都配备着大量的、先进的机电设备和设施。这些设备是煤矿企业从事煤炭生产活动的工具，是煤矿生产的物质技术基础。因此，设备管理工作在煤矿企业管理中占有重要地位。它是实现煤矿安全生产、提高经济效益的重要前提之一，起着关键性的作用。

1. 机电设备管理是煤矿企业安全生产的重要物质基础和技术保障

安全生产的内涵是通过人、设备、环境的协调运作，使社会生产活动中危及劳动者生命安全和身体健康的各种事故风险和伤害因素，始终处于有效的控制状态。设备管理工作与企业安全生产密切相关，是确保企业生产正常运行的重要物质基础和技术保障，是生产力发展水平、社会公共管理水平和工业技术进步的综合反映。

煤矿的通风、排水、供电等大型设备一旦发生故障，将会使整个矿井的安全受到威胁；而生产过程各环节机电设备的完好状况都直接关系到煤炭生产和井下职工的人身安全。根据有关统计，井下瓦斯和煤尘爆炸事故有40%是由电火花引起的；井下重大火灾事故80%以上是由机电方面的原因造成的。

2. 机电设备管理是煤矿企业建立正常生产秩序、实现高产稳产的基本保证

目前，我国大部分现代化煤矿都是建井十几年、投产几年的矿井，随着矿井的延深和特殊煤层的不断出现，一大批技术含量高、安全性能好的装备陆续引进、安装并投入使用。如新型轴流式大功率主通风机、新型智能化采煤机系统、安全生产教字化实时监测监控系统、矿用大型固定设备监测预警系统等。

这些设备的使用和操作人员占现代化煤矿生产人员的1/6，各类设备操作及维修人员在工作中的任何疏忽，都可能导致机电设备出现故障而造成矿井局部甚至全部停产。

3. 机电设备管理是煤矿企业实现节能降耗与环境保护的重要途径

当前，我国正处于国民经济高速增长的时期，我国的经济增长还建立在高消耗、高污染、低效率的粗放型传统发展模式之上。虽然我国工业取得快速发展，但是资源、环境与经济发展的矛盾日益突出。如果继续沿袭传统的发展模式，不从根本上解决日益严峻的经济发展与资源节约、环境保护的矛盾，资源将难以为继，环境将不堪重负。

我国煤矿固定资产总额中，有55%～65%是机电设备和设施。在设备和设施上所花费的工资、能源、油脂、配件消耗、维修费用的总和要占煤炭生产成本的40%以上。可见，充分发挥机电设备的效能，提高设备利用率，降低设备在生产中的各种消耗，消除跑、冒、

滴、漏和有害物质排放，对提高企业经济效益、建设资源节约型和环境友好型社会、保持企业可持续发展将产生积极的影响。

六、设备管理发展概况

1. 设备管理科学的发展

设备的维修和管理是随着工业企业生产发展而产生的，其发展过程基本可分为三个阶段。

（1）第一阶段　设备事后维修阶段。

事后维修就是机器设备发生故障或出现损坏以后才进行的修理。19世纪初，工业生产中应用了不少机器，如蒸汽机、皮带车床等，从而产生了设备维修问题。在这个阶段里，设备管理主要是实行事后维修制，致使停机时间加长而且不能保证机器的正常和及时使用，影响生产任务的完成。

（2）第二阶段　设备计划预修和预防维修阶段。

预防维修就是在机械设备发生故障之前，对易损零件或容易发生故障的部位，事先有计划地安排维修或换件，以预防设备事故发生。随着生产技术不断地发展，出现了流程生产和流水线。为了使流程不致中断，提出以预防为主的维修方针，即预防维修。20世纪中期，许多国家开始研究维修方式问题。1961年瑞典建立了完整的预防维修系统，包括以检查、计划修理、验收、核算为内容的一整套工作体制和工作方法，适应了当时生产发展的需要。

（3）第三阶段　设备综合管理阶段。

随着科学技术的进步，企业生产装备现代化水平不断提高，设备逐渐向大型化、高速化、电子化方面发展。在使用和管理现代化设备中出现了一系列的问题，如故障损失大、环境污染严重、能源消耗多、设备投资和使用费用昂贵等，于是也就迫切需要设备的管理要适应设备水平的提高。

20世纪70年代，英国的丹尼·派克斯（Dennic Parkes）提出设备综合工程学，其基本观点是：用设备寿命周期费用作为评价设备管理的重要经济指标，以追求寿命周期费用最佳为目标（寿命周期费用包括设备研究、设计、制造、安装、使用、维修直到报废为止全过程所发生的费用总和），要求对设备进行工程技术、财务经济和组织管理三方面的综合管理和研究。重点研究设备的可靠性和维修性，提出“无维修保养”设计的概念，将设备管理扩展到设备整个寿命周期，对设备的全过程进行系统的研究，以提高每一环节的功能，并对设备工作循环过程信息（设计、使用效果、费用信息）进行反馈。这一观点成为现代设备综合管理理论的基础。

2. 中国机电设备管理的发展

新中国成立前我国工业落后，机器设备较少，设备管理很差，基本上是设备坏了再修，修完再用，既没有储备的配件备件，也没有设备档案和操作规程等技术文件。解放初期，在设备管理方面，基本上都是学习与借鉴前苏联的工业管理体系。

1973年燃化部颁发《煤矿矿井机电设备完好试行标准》。1982年12月9日中国设备管理协会成立。1987年国务院颁布《全民所有制工业交通企业设备管理条例》，这也是我国第一个由国家批准的法规性设备管理条例。同年，煤炭工业部颁发《煤矿机电设备检修质量标准》、《煤矿机电设备完好标准》和《煤矿施工设备完好标准》。1990年能源部颁布《煤炭工业企业设备管理规程》，作为煤炭工业企业设备管理的规范性文件，该规程结合煤炭工业的特点，在设备的前期管理、设备更新和技术改造管理、设备质量标准化、推广现代设备管理方面做了大量工作。例如综采设备建立“四检制度”，推行设备的“点检”制度，编制设备完好标准和机电设备质量标准，试点设备状态监测与故障诊断技术等。依照国家发改委《煤矿机电设备技术规范》（以下简称《规范》）的标准项目计划，2006 年中国煤炭工业协会设备管理分会对《规范》初稿进行了修订。

《规范》的编写要求体现以下几点：①贯彻以人为本、和谐社会、节约社会的基本理念；②贯彻安全第一的预防方针，对煤矿关键的安全设备，要求绝对完好与防爆；③贯彻《煤炭法》、《国有资产管理法》、《煤矿安全规程》、《煤矿质量标准化标准》、《煤矿主要设备检修资质管理办法》等法律法规要求；④贯彻环保、节能、节约等设备维修要求；⑤鼓励采用新技术、新工艺、新材料、新设备；⑥体现安全性、先进性、时代性、行业性和可操作性等特点，要能适应煤炭全行业的设备现状。

事实证明，要最大限度地发挥设备的效能、使设备寿命周期费用最经济，就必须有先进的、有效的、科学的设备管理方法。

任务一　煤矿机电设备的资产管理

子任务一　煤矿机电设备的选型与购置

学习目标及要求

- 了解设备前期管理的主要工作内容
- 掌握设备选型主要考虑的因素
- 掌握设备购置过程中的主要工作内容
- 熟悉设备验收的内容

一、知识链接

设备的选型与购置都属于设备的前期管理。设备前期管理是指从设备规划开始到选型、购置、验收这一阶段的管理，是整个设备管理的基础阶段。它不仅决定了企业的技术装备水平和设备综合效能的发挥，同时也关系到企业战略目标的实现。对设备前期管理阶段实行有效管理，将为设备后期使用、维修和管理创造良好的条件。

1. 设备前期管理的主要内容

① 设备规划方案的调研、制定、论证和决策。

② 设备市场货源的调查和信息收集、整理和分析。

③ 设备投资计划的编制和经费预算。

④ 设备的选型与购置。

⑤ 设备的验收。

⑥ 设备使用初期的管理。

⑦ 设备投资效果分析、评价和信息反馈等。

2. 设备前期管理的工作程序

设备前期管理工作程序可分为规划、实施和评价三个阶段，如图 1-1 所示。

3. 设备投资规划

设备投资规划是设备前期管理的首要环节，是企业进行设备选型和购置的依据，关系到企业发展技术战略。设备投资规划是企业设备投资方面的总体设想和计划，是企业根据经营战略目标，考虑到企业生产发展、新产品开发、节能和环保等需要，制定设备投资的中长期规划，是企业生产经营总体规划的重要组成部分。

（1）设备投资规划的类型　为明确投资目的，提高设备的投资效益，在编制设备投资规划时，必须分清设备投资规划的类型。根据企业设备投资的目的、重要程度、影响时间来分，企业设备投资规划一般可分为以下几个方面。

① 更新规划　更新规划是指企业对原有设备进行更换的投资规划，即以同类型设备或

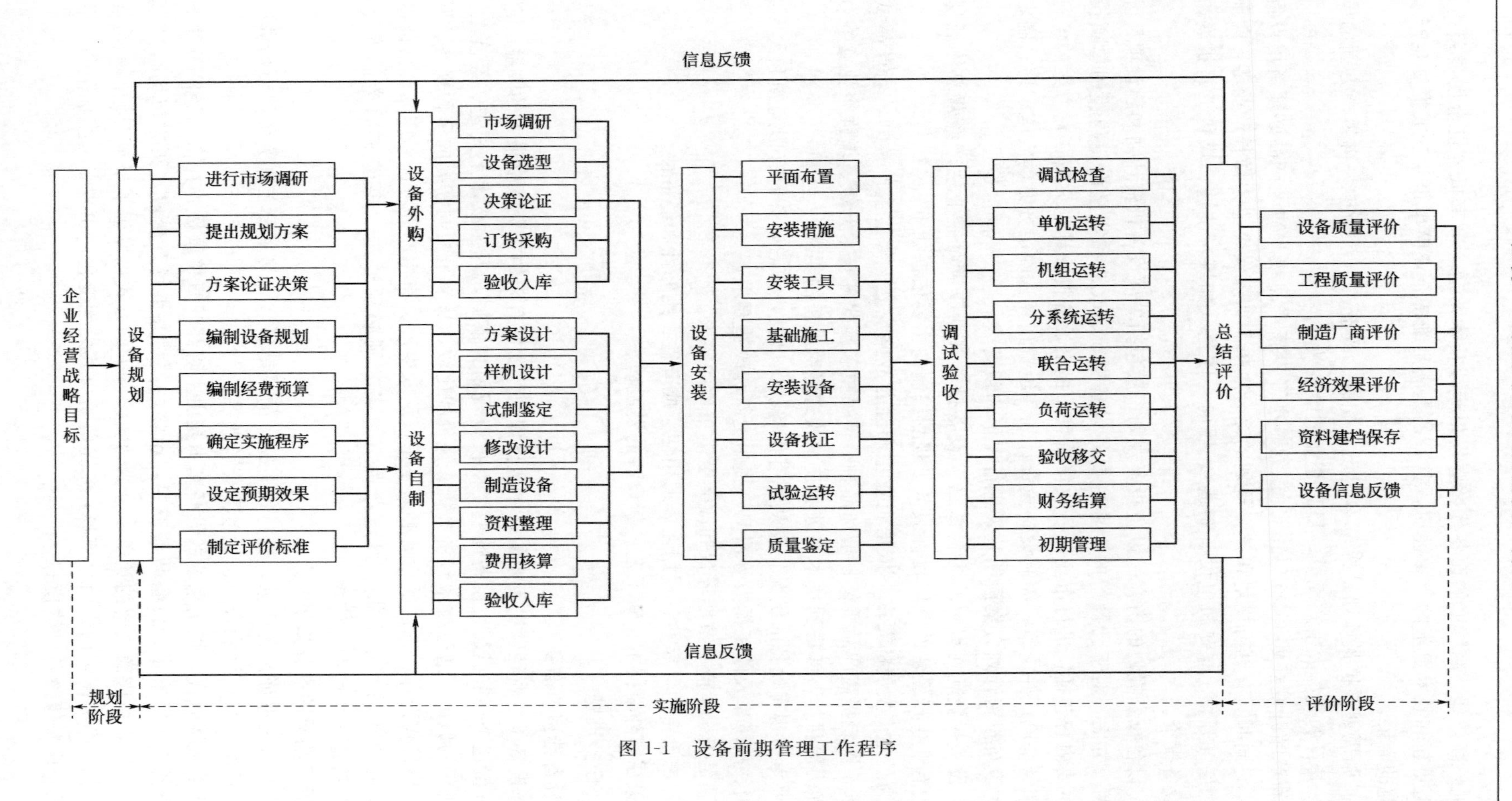

图 1-1　设备前期管理工作程序

以先进的、高效能、高精度的设备代替磨损报废或技术落后、效率低、安全性能差的设备，具有原型更新和技术更新的双重性质，其目的是满足维持企业简单再生产或提高生产效率和经济效益的需要。

② 扩张规划 扩张规划是指基本建设、挖潜、改造、革新等扩大再生产方面的设备投资规划，其目的是扩大生产规模，提高企业的经济效益。

③ 新产品开发规划 新产品开发规划是指开发新产品或改造老产品必须新增设备的投资规划，它同时具有更新规划和扩张规划的综合效果。如煤炭企业为做长产业链，向前一体化（如煤层气开发、煤矿机电设备制造）、后向一体化（如煤炭洗选、煤化工）扩展，就必须新增设备投资。

（2）设备投资规划的内容 设备投资规划一般包括单项设备投资计划和建设项目设备投资规划两个方面，对于已投产的企业主要是设备更新、改造和零星设备购置的单项投资计划。其主要内容包括：进行市场调研收集信息；提出设备投资计划方案；对方案的可行性进行技术和经济论证并决策；编制设备投资计划和经费预算；确定方案的实施程序；制定评价标准，对设备投资计划方案预期效果进行评价和预测等。

（3）设备投资规划编制的主要依据 设备投资规划应满足企业生产经营总体规划的要求，要为企业生产经营的总体目标服务。规划编制的主要依据如下。

① 满足生产发展的要求。依据企业生产经营战略规划、年度生产计划、新产品试制计划等要求，围绕提高产品质量、增加品种、产品更新换代和技术升级、增强企业竞争力和出口创汇能力等目标，考虑到技术引进和技术改造等对设备的要求。

② 要考虑现有设备的状况。要从现有设备状况出发，考虑设备的有形磨损和无形磨损、运行费用、故障率及停工损失等情况，提出更新和改造要求。

③ 满足安全生产、节能环保和改善劳动条件的要求。

④ 考虑设备的可靠性、适用性、通用性、成套性、维修性和经济性。

⑤ 关注国外新技术、新工艺、新设备的发展动态。

二、任务准备

1. 设备选型的准备

选择设备是企业经营决策中的一个重要课题，要使有限的投资获取最大的收益，就必须从设备选型这个环节抓起。设备选型要以投资规划为依据，遵循技术上先进、经济上合理、生产上适用的原则。通过技术经济分析、评价和比较，从满足相同需要的多种规格、型号的设备中做出最佳选择，选定的设备必须是正规厂家生产、有生产许可证和产品合格证以及通过相关认证的产品。对于煤矿机电产品（设备）则必须通过“煤矿矿用产品安全标志（MA）”认证，方可购买使用。

2. 设备购置的准备知识

设备购置是保证设备质量、进行设备管理的关键环节。其主要工作为依据市场资源调查选择供应厂家、签订订货合同、设备到货验收等。

在计划经济时代，煤炭系统的设备基本是由主管部门直接调拨。在市场经济条件下，煤矿机电设备生产厂家多，设备货源充足，市场由“卖方市场”变成“买方市场”，信息流、物流发展迅速，供应商之间的竞争十分激烈。设备采购方式也发生了根本变化，一是货源市场发生变化，拥有国际国内两个市场；二是订货方式发生变化，出现了“招标采购、设备超市、保税仓库”等设备采购模式。

3. 设备的验收

设备验收是设备购置的重要环节，是保证设备数量、质量、类型及规格是否符合合同规定、分清双方责任的有效手段。为保证设备投资效果、维护企业的合法权益和预防腐败，生产企业必须建立严格的货物验收制度。设备到货后务必在规定的索赔期限内组织完成验收工作，对验收中发现的问题应以验收记录为依据及时向供货单位提出赔偿、退货等要求。

三、任务分析

1. 设备选型时应考虑的技术因素

(1) 生产性　即设备的生产能力要与生产系统相匹配。某一设备所处的生产环节，不应小于生产系统的能力而限制系统能力的发挥，也不应超出生产系统的能力过多，增加不必要的固定资产投入。在设备选型过程中，不能只盲目追求技术上的先进性，还要从企业自身具体情况出发，考虑以下几方面。

① 新选设备要适应企业的具体生产条件。

② 选用设备要与生产任务相适应。

③ 选用设备要考虑工人的技术操作水平和管理水平，并对职工进行有针对性的培训。

(2) 可靠性　即设备在规定的使用条件下，在规定的使用寿命内能稳定运行，发生突发故障的概率小。

(3) 通用性　即设备本身以及配套设备的辅机、零部件标准化程度高，通用、互换性强，这样可减少配件的品种，降低备件库存，进而降低生产成本。

(4) 耐用性　即设备在使用过程中保持固有性能时间长，减少年折旧费和维修费，降低生产成本。就煤矿机电设备而言，零部件的寿命要与设备的寿命、生产特点相协调，井下移动设备尽可能减少返厂维修的机会，大型固定设备的使用寿命要与使用场所的要求相适应，以减少因更换设备而停产的时间。

(5) 成套性　即选择的设备不需要增加附属设备装置，本身即可投入使用。成套设备具有功能齐全、施工快捷、不需要增加另外投资等优点。设备的配套包括以下内容。

① 单机配套——一台设备中各种随机工具、附件、部件配套。

② 机组配套——主机、辅机、控制设备等相互配套。

③ 项目配套——投资项目所需的各种设备配套。

(6) 适用性　即所选井下设备的性能、结构、外型尺寸、重量、强度应适合井下使用条件和作业环境。

(7) 维修性　即设备维修的难易程度。考虑到井下作业环境和维修人员的技术水平，应该选择结构简单、零部件组合合理、易于拆卸和检修、通用化及标准化程度高的设备，以降低维修量和维修费用。

(8) 节能性　即要选择能耗低、效率高的设备，设备能耗指标要符合国家有关部门的规定。煤矿主要生产设备允许的最低运行效率：水泵为70%、排水系统为55%、主要通风机为65%、局部通风机为80%、空气压缩机（风压0.8MPa）的功率低于5.9 kW/(m^3·min)、锅炉（蒸发量为4～6.5t/h）为65%。

(9) 环保性　即用噪声、排放污染物（“三废”，即废气、废水、废渣）对环境的污染程度来衡量，必须低于国家的有关规定。如工业企业的生产场所噪声标准为85dB，最高不能高于115dB，市区、郊区、工业区的锅炉烟尘排放浓度最大允许值为400mg/m³等。有的设备只有噪声一种指标，如通风机、压风机等，有的则以排放污染物为主，如锅炉、选煤厂洗选设备等。

(10) 安全性　煤矿机电设备的安全性必须符合《煤矿安全规程》的有关规定，安全保护装置必须齐全，产品必须取得“MA标志”认证，优先选用“本安型”设备，以保证设备正常运行时的安全。

2. 设备的验收依据

设备验收是以订货合同为依据，分自提自交、厂（商）家送货、进口设备三种情况进行。

品种、规格、数量方面的验收依据主要有订货合同、提货单、发货单、装箱单、运输部门的运单等。

(1) 自提自交　自己提货、自己运输的设备出厂验收依据主要有主管部门批准的出厂检验技术标准、设计图纸和出厂验收技术条件、验收计划等。

(2) 厂（商）家送货　厂家送货、到货验收的主要依据有国家标准、部颁标准、企业标准规定的产品质量、检验方法、验收规则、标志、包装、运输和保管技术标准；需要有特殊要求的，按合同规定的技术条件；制造厂商应提供的产品合格证、说明书和其他验收所需要的技术资料等。

(3) 进口设备　进口设备必须通过我国的商品进出口管理部门的进口检验、办结海关报关手续，验收有国际标准的按国际标准，没有国际标准的按买方国标准，买方国没有标准的按卖方国标准或合同约定的标准进行。

四、任务实施

1. 设备选型实施的依据

在选购设备时，价格和性能这两个参数往往不能兼顾，正确的做法应当是对二者进行综合评价，选择性价比高的设备。常用的经济评价方法有投资回收期法、设备生命周期费用法、费用效率法等，这里就前两种分别给予介绍。

(1) 投资回收期法　从资金周转角度来评价设备的经济性，这种方法是以设备的投资费用和年产出效益的比值作为投资回收期。以财务的观点，资金周转愈快，投资后回收期愈短，投资效益愈好。一般计算公式为：

$$\text{投资回收期(年)}=\frac{\text{设备的投资额(元)}}{\text{年度收益(元)}}$$

在进行设备选型评价时，年度收益可采用新设备投入使用后增加的收益，如增加了产量、提高了产品质量和生产效率等因素而增加的收入，节约能源和降低原材料消耗所形成的节约费用等。在实际工作中，应针对具体情况进行计算。

① 采用新设备后产量不变时的计算公式为：

$$T=\frac{P}{C_1-C_2}$$

式中　T——设备投资回收期，年；

P——设备的投资额，元；

C_1、C_2——新设备投产前、后的生产费用，元。

【例1-1】　某矿原煤产量为120×10^4t，吨煤成本为85元，甲方案设备投资额为1000万元，乙方案投资额为700万元，由于添置新设备使机械化程度提高、单位成本下降，甲方案吨煤成本为82元，乙方案吨煤成本为83.5元，试采用投资回收期法来选择设备投资方案。

解：甲方案　$T_{甲}=\dfrac{1000\times10^4}{120\times10^4\times(85-82)}=2.77$（年）

乙方案　$T_{乙}=\dfrac{700\times10^4}{120\times10^4\times(85-83.5)}=3.88$（年）

虽然甲方案设备投资额比乙方案大，但甲方案投资回收期短，故应选甲方案。

② 采用新设备后产量、成本都发生变化时的计算公式为：

$$T=\frac{P}{\left(\dfrac{C_1}{Q_1}-\dfrac{C_2}{Q_2}\right)\times Q_2}$$

式中　Q_1、Q_2——采用新设备前后的年产量。

（2）设备生命周期费用法　设备生命周期费用是指设备生命周期内所花费的总费用，由设备设置费和维持费两部分构成。设备的设置费（原始投资）对于自制设备，包括调研、设计、试制、制造、安装调试等费用；对于外购设备，包括购买、运输、安装调试等费用。设备维持费（使用费）是与设备使用有关的费用，包括操作人员的工资、能源消耗费、维修费、因事故发生的停工损失费、保险费等。因此，在选择设备时，不仅要考虑初期设置费的高低，还要考虑到使用费用。要用设备生命周期内的设置费和维持费之和来比较，才能正确地评价设备的经济性。在设备性能满足生产技术要求、使用寿命相同的情况下，如不考虑资金的时间价值，可直接计算不同厂家产品的生命周期费用，选用费用低的产品。如考虑资金的时间价值，可用年费法和现值法进行比较。

2. 设备购置的实施程序

（1）市场货源调查和供货商的选择　企业在进行设备购置时，要广泛收集市场的货源信息，通过网络、媒体广告、展销会、博览会、订货会、企业上门推销等信息渠道，了解生产厂家和产品的技术参数、生产能力、质量、价格、供货时间等方面的情况，初步确定几个厂家。在此基础上，再进一步调查生产厂家的装备水平、技术水平、质量保证体系、检测手段、售后服务等情况，进行综合分析比较，确定一个或几个各方面条件较好的供货商。

（2）订货

① 设备采购部门在对市场货源进行广泛调查的基础上，提出所购设备的规格、型号、质量、数量、交货期等要求。采购要尽可能采用询价、竞争性谈判、邀请招标、公开招标等“阳光采购”方式。对于市场供应不充分的煤矿特有设备，可以采用询价和竞争性谈判等方式；对于市场供应充分的物资设备，应采用公开招标的方式；对于采购金额不是很大的情况，企业可自己组织招标。为保证“公平、公正、公开”，提高透明度，防止招标过程中产生的腐败，对于国有企业，招标小组应由技术专家和计划财务部门的人员组成，纪检监察部门要全程监督；对于大批量、资金数额大的物资设备，要委托政府专门的招标机构，按照规范的程序进行，避免“暗箱操作”。

② 由于煤矿专用设备的特殊性，对选定的制造厂商（供货商）还要就某些具体问题进行磋商。

（3）签订购销合同　购销合同是约束供需双方购销行为的法律文件，是供需双方权益实现的保障。合同一旦签订，就具有法定效力，供需双方必须履行。煤矿机电产品买卖合同样式如图1-2所示。

煤矿机电产品买卖合同

煤炭

买受人编号： 合同编号：

设备(配件)名称		计量单位	数量	要求交货期		合同价格(万元)	单价： 总价：	合同交货期	
主验机型号规格：		买受人				出卖人			
		订货单位				供货单位			
		单项工程				通讯地址			
		通讯地址				邮政编码		委托代理人	
		邮政编码		委托代理人		电话		传真	
		电话		传真		开户银行			
		开户银行				账号			
		账号				质量标准： 质量保证期： 防爆检验合格证号： 验收方法及期限： 运输费用承担： 包装费用承担：			
运输方式		验收方式		结算方式					
交(验)货地点		包装方式	到站	装车： 零担：					
违约责任									
选择供货厂家		争议解决方式	本合同在履行过程中发生的争议，由双方当事人协商解决；协商不成的，按下列第 种方式解决：(一)提交仲裁委员会仲裁；(二)依法向人民法院起诉。			签(公)证意见： 签(公)证机关(章) 经办人： 年 月 日			
其他约定事项									
承包单位(章)		此合同一式 份。出卖人 份。买受人 份。签(公)证机关 份。							

说明：本合同未尽事宜按《中华人民共和国合同法》有关规定执行。

合同签订地点：__________ 合同签订时间：____年____月____日

监制部门：国家工商行政督检局 印制单位：中国煤炭物产集团公司 电话：(010) 64214195

图 1-2 煤矿机电产品买卖合同样式

签订合同时，应注意以下几个问题。

① 合同的主体必须符合要求，要审查供货方的合法资格和履约能力（如果是公开招标，在招标之前就要对竞标单位进行资格审查），避免受骗上当和无效合同。

② 合同内的名称、数量、质量要求要逐项填写清楚，计算单位要准确。对成套供应的产品要提出成套供应清单，如主机、辅机、附件、配件和专用工具等。

③ 合同中必须写明执行的检验标准代号、编号、名称、检验方式、方法等。有特殊要求的，按双方商定的补充条款或样品附在合同中。

④ 明确付款方式。如货到付款、分期付款、是否需要订（定）金、预付款、是否要扣质保金等，都要以书面形式签订。

⑤ 合同要填写清楚。如供需双方的主管部门、通信地址、结算银行全称、运输方式、交货地点、签订日期，不要漏填误填。最后，双方加盖单位公章或规定的合同章才能生效。

⑥ 合同中要明确违约责任、违约行为的处理规定、解决合同纠纷的方式等，以保证合同的如期履行。

⑦ 合同的变更和解除。任何一方不得单独变更合同的内容或私自解除合同，变更和解除合同必须经双方当事人协商，否则按违约处理。

(4) 设备自选超市　设备自选超市是近几年出现的新事物，它集物流、资金流、信息流于一体，是市场经济发展到一定阶段的产物，它的前提条件是货源充足，供大于求，市场为买方市场。

大型煤炭企业集团利用自己原来的仓储作为超市场地，由物资采购供应部门负责，向国内机电设备制造企业、配套厂家以及供应商发出邀请，然后经过资格审查，让符合要求的厂商进驻超市。超市提供一定的场地、柜台让厂商摆放设备、零配件样品。物资采购供应部门在超市内设立结算中心和配送中心，集团内的各个煤矿物资采购部门在超市内自选设备和配件，然后到结算中心签单，由结算中心负责和供应商结算货款，配送中心负责把设备和零配件配送到各个煤矿。每隔一段时间，估算中心和煤矿物资采购部门进行结算。

设备自选超市有以下优点。

① 不占用自己的资金。一般煤炭企业每年都有几千万元到上亿元的采购量，需要时采购，不占用资金，降低了企业生产成本。

② 不需要仓储场地。煤炭生产企业需要设备或配件，可随时到超市采购，不需要自己的仓储，也无需仓库管理人员，节省经费开支。

③ 方便购买。各个煤矿需要什么物资，可自由挑选，买到适用满意的产品。由于生产企业和供货商面对面，这种供货方式更有利于新技术和新产品的推广。

④ 物流便捷。煤矿传统的供货方式是从供应处调拨设备，手续烦琐，供货时间长。超市采购，配送中心很快就将物资送到购方，方便便捷。

⑤ 辐射面广。一般大型煤炭生产集团周边都有许多小型煤炭企业或煤炭相关企业，设备超市也可为这些企业供货，既为中小企业提供了方便，同时也产生了社会效益。

⑥ 预防腐败。集中供货，集中采购，价格透明，质量有保证，避免了企业单独采购而滋生出的许多腐败行为。

3. 自制设备

煤矿大部分设备是成套、成型设备，有定点生产厂家，还有部分设备只要提出技术要求，通过外协可由配套厂家提供。但并不是所有设备都能购买或外协，如一些专有设备和非标设备（如箕斗），则只能自制。我国目前大型的煤炭企业，都有自己的煤矿机电设备制造厂或大修厂，有一定的生产加工能力。设备自制通常考虑以下因素。

① 设备成本。如果在同样的条件下生产，自制设备成本比较低，因为它不包括供应厂家的利润、运费和管理费等。

② 设备的可获性。市场无处采购，则只可自制。

③ 设备质量。供应厂家若不能保证质量，则只可自制。

④ 设备和专门技术的可获性。

⑤ 技术保密性。如果生产某种设备或零件需要专门的技术，目前这种技术不能扩散，则应该自制。

由于煤矿机电设备的特殊性，自制设备要由主管部门同意批准，选定有生产能力的厂家，经过方案讨论、图纸设计、试制样机、修改设计、组织鉴定、制造设备、出厂检验、资料整理、费用核算、验收入库等环节。

4. 设备的验收内容

订购的设备到期交货，购货单位应按其提货方式和设备的重要程度采用不同的验收方式。对于自提自运的设备，验收可在出厂前进行；对于厂（商）家送货的设备可采用到货验收；大型、关键性的专用设备，在生产厂装配前购货方应到厂进行中检，对各部件（包括外协配套件）的质量及关键装配尺寸进行检验，对生产中不符合有关技术文件规定的，可向厂家提出意见并要求整改。装配后，应参加生产厂的出厂检验，验收合格后才能发货。设备验收工作主要内容包括数量验收和质量验收。

(1) 数量验收　一般由仓库保管员在设备入库前按合同逐台清点，包括合同和说明书中规定的随主机的辅机、备件和安装检修工具、使用说明书和安装图纸等。自提自交设备出厂前当面点清，供方设备货到现场清点。

(2) 质量验收　包括受检设备的产品合格证及技术文件，查看设备包装、设备外观检验、解体检验、组装测试和试运行等内容，外观检验由仓库保管人员进行，需要进行解体检验或技术测定时，由专门验收机构或专门检验部门进行。对包装质量应进行全部检验，以查清储运过程中包装的损坏情况。本体外观检验，对入库量在10台以内的设备，要全部开箱查看设备有无锈损、浸水、老化、缺件、残损，资料是否齐全，以及标准规定不允许有的表面尺寸偏差和缺陷。10台以上100台以内的设备，外观缺陷抽验一般不少于10台，100台以上的设备外观抽验率一般不少10%。如果在抽验中发现问题，必须扩大抽验比例，甚至全部开箱检验。成套设备主要检验其配套完整程度，检验率为100%。重要的设备还要逐台对主要性能和参数组织检测进行试运行。在质保期内组织质量性能方面的考核。

设备的验收工作都要进行详细记录，在完成验收任务后，要求有关部门和人员签字盖章，一方面作为资料存档，另一方面如果货物存在缺陷，以此作为向供货单位交涉的依据。

5. 防爆电器验收实施的注意事项

防爆电器是煤矿井下使用十分普遍的机电设备，常用的有防爆开关、防爆电机和防爆变压器等，防爆电器对设备外壳的强度、接线盒（接线喇叭口）、防爆接合面等都有严格的要求，防爆电器的验收分一般检查和性能试验两部分。下面介绍矿用隔爆型真空馈电开关的验收方法。

(1) 一般检查要求

① 表面无毛刺，喷漆表面不能有色差，厚度要均匀，漆层无损伤，接线喇叭口密封完好。

② 所有紧固件必须紧固。

③ 焊接件不能有脱焊、虚焊。

④ 所有标记必须清晰，不得有误。

⑤ 凡属转动的零件必须转动灵活，但不能过分松动。

⑥ 保护接地端子应装配完整，防止锈蚀。

⑦ 壳体内不能有金属异物。

⑧ 隔爆面不得有油污、漆污、擦伤、凹陷、孔洞、缺损、裂纹等现象。

⑨ 主回路、控制回路接线正确、牢固；本安电路的所有接线用蓝线，并与非本安电路导线分开布置。

⑩ 主腔、接线腔电气间隙、爬电距离符合要求。

(2) 性能验证试验

① 在额定控制电源电压的75%～110%范围内，电磁启动器能可靠吸合，在额定控制电源电压的60%～70%之间启动器能可靠断开。

② 隔离换相开关与接触器之间应有电气联锁和机械联锁，保证只有当接触器控制电路断开时，隔离换相开关才能转换位置，隔离换相开关的手柄在闭合和断开位置应有清晰的指示和可靠的定位。

③ 电磁启动器在合闸位置时，按动门盖上相应的控制按钮对DSP智能综合保护器进行各种保护功能试验，在显示屏上显示相应的内容。

④ 主电路必须承受4200V/min（1140V）或3000V/min（660 V）工频耐压试验，应无击穿或闪烙现象；控制回路必须承受1000V/min工频耐压试验，应无击穿或闪烙现象。

五、任务讨论

(一)任务描述

1. 根据给定的企业条件进行设备的选型、购置和验收，签订煤矿机电设备买卖合同，确定验收内容。

2. 建议学时：3学时。

(二)任务要求

1. 能正确地进行设备的选型、购置和验收。

2. 能签订煤矿机电产品买卖合同。

3. 能按验收程序、验收内容进行设备验收，并对验收过程中出现的问题进行处理。

(三)任务实施过程建议

工作过程	学生行动内容	教学组织及教学方法	建议学时
资讯	1. 阅读分析任务书； 2. 收集相关资料	1. 发放工作任务书，布置任务，学生分组； 2. 用典型案例分析引导学生正确分析任务书的内容、收集资料	0.5
决策	1. 根据收集的资料制定多种购置方案； 2. 分组讨论，选择最佳购置方案	1. 引导学生进行方案的选择； 2. 听取学生的决策意见，纠正不可行的决策方法，引导其最终得到最佳方案	
计划	1. 确定设备购置程序； 2. 确定买卖合同相关内容； 3. 讨论确定验收内容	1. 审定学生编写的购置程序、合同及验收内容； 2. 组织学生互相评审； 3. 引导学生确定计划方案	0.5
实施	1. 完整填写购置合同； 2. 编写设备验收单； 3. 列举可能在验收过程中出现的问题并提出合理解决方案	1. 设计可能出现的验收问题，引导学生给出解决方案； 2. 对合同内容进行审定	1
检查	1. 检查合同、验收单的内容； 2. 对可能出现的相关问题进一步排查	1. 组织学生进行组内互查及组组互查； 2. 与学生共同讨论检查结果	0.5
评价	1. 进行自评和组内评价； 2. 提交成果	1. 组织学生进行自评及组内评价； 2. 对小组及个人进行评价； 3. 给出本任务的成绩并对任务完成情况进行总结	0.5

(四)任务考核

考核内容	考核标准	实际得分
任务完成过程	70	
任务完成结果	30	
最终成绩	100	

习题与思考

1. 设备前期管理工作的主要内容包括哪些?
2. 设备选型应考虑的主要因素有哪些?
3. 设备购置的主要程序包括哪些?
4. 煤矿机电设备应取得什么认证?
5. 设备超市有哪些优点?
6. 签订设备购销合同应注意哪些问题?
7. 设备验收工作的主要内容有哪些?

子任务二 煤矿机电设备管理的基础工作

学习目标及要求

- 熟悉设备资产管理的主要内容
- 掌握设备租赁、闲置及封存管理工作的主要内容
- 掌握井下移动设备的管理

一、知识链接

设备管理的基础工作主要是指设备前期管理中的设备资产管理工作。设备资产管理是企业固定资产管理的重要组成部分，是以属于固定资产的机械及动力设备为研究对象，追求设备综合效率与寿命周期费用的经济性，应用一系列理论、方法，通过技术、经济、组织措施，对设备的物质运动和价值运动进行全过程的科学管理。

1. 设备资产管理的主要任务和内容

设备资产管理的主要任务为掌握设备的动态和现状，及时正确地登记好资产卡片；按规定正确地计算折旧费和大修理费，以保证设备的更新和改造资金；充分利用设备，减少闲置，提高设备的投资效益；最终达到设备寿命周期最长、最经济、综合效率最高的目的。

设备资产管理的内容包括：设备的分类与编号；账卡物、图牌板管理；设备档案管理；移动设备管理；设备的封存与闲置设备的处理；设备的租赁管理等。

2. 设备资产管理的部门分工与职责

设备资产管理是企业设备管理的一项基础工作，不仅是设备管理部门的主要任务，还涉及企业的财务部门、设备使用单位及其他有关部门。因此，要做好设备资产管理工作，在各有关部门通力合作的基础上，必须进行明确的分工，建立相应的责任制。一般情况下，设备管理部门主要负责设备资产的验收、保管、编号、移装、调拨、出租、清查盘点、报废清理、更新等管理工作；使用单位主要负责设备资产的正确使用、妥善保管和精心维护及检修，并对设备资产保持完好和有效利用负直接责任；财务部门主要负责组织制定资产管理的责任制度和相应的凭证审查手续，协助各部门、各单位做好固定资产的核算工作。

3. 资产的分类标准

按流动性质分，可分为流动资产、长期投资、固定资产、无形资产、递延资产、市场倍

增资产和其他资产；按货币性质分，可分为货币资产和非货币资产；按实物形态分，可分为有形资产和无形资产。

（1）流动资产的管理　流动资产是指可以在一年或超过一年的一个营业周期内变现或者耗用的资产，包括现金及各种存款、短期投资、应收及预付款项、存货等。流动资产主要具有周转速度快、变现能力强，且在生产过程中不断改变资金占用形态从而产生增值等特点。

在保证生产经营所需资金的前提下，尽量减少资金占用，提高资金的周转速度及闲置资金的获利能力是对流动资金进行管理的主要目的。要正确进行流动资产管理，首先必须明确流动资产的概念，正确区分流动资产与固定资产的界限。在实际工作中，应根据具体情况加以划分。比如，某种固定资产其剩余使用年限不到一年，但也不能算作流动资产。又如某库存商品或库存材料等存货，为了储备的需要，虽然存货期一年以上，但也不应作为固定资产，只能作为流动资产。所以，要将资产的性质和使用时间等因素综合起来加以分析确定。

（2）固定资产的管理　企业的固定资产是企业资产的主要构成项目，是企业固定资金的实物形态，在企业总资产中占有较大的比重，对生产经营起着举足轻重的作用。因此，首先要了解固定资产。

固定资产是指企业使用期限超过1年的房屋、建筑物、机器、机械、运输工具以及其他与生产、经营有关的设备、器具、工具等。不属于生产经营主要设备的物品，单位价值在2000元以上，并且使用年限超过2年的，也应当作为固定资产。通俗地讲一般也指企业使用期较长、单位价值较高，并且在使用过程中保持原有物质形态的资产。它应具有以下特征：一是使用期限超过规定的期限，一般在一年以上的建筑物、机器设备、工具等应作为固定资产；不属于生产经营的主要物品，单位价值在2000元以上，并且使用期限超过两年的也应作为固定资产；凡不符合上述条件的作为低值易耗品，其购置费摊入企业生产成本。二是使用寿命是有限的（土地除外），需要合理估计，以便确定分次转移的价值。三是用于企业的生产经营活动，以经营为目的，而不是用于销售。

《煤炭设备管理规程》规定，煤电钻等12种小型设备不作为固定资产，但视同设备管理资产。

① 固定资产的分类与结构

a. 按固定资产经济用途分类，可分为经营用固定资产和非经营用固定资产。经营用固定资产是指直接参与、服务于企业生产、经营过程的各种固定资产。非经营用固定资产指不直接服务于生产、经营过程的各种固定资产。这种分类可以反映企业经营用固定资产和非经营用固定资产之间的组成和变化情况，促使企业合理地配备固定资产，提高投资效益。

b. 按固定资产使用情况分类，可分为在用固定资产、未使用固定资产、不需用固定资产和出租固定资产。

c. 按固定资产的综合分类，可分为生产经营用固定资产、非生产经营用固定资产、出租固定资产、融资租入固定资产、未使用固定资产、不需用固定资产和土地七大类。

d. 按固定资产结构特征性能还可将固定资产分为房屋、建筑物、机械动力设备、传导设备、运输设备、贵重仪器、管理用具及其他。

② 固定资产的价值

正确确定固定资产价值，不仅是固定资产管理和核算的需要，也关系着企业收入与费用的配比。在固定资产的核算中，一般采用的计价标准有原始价值、净值和重置完全价值。

a. 原始价值　原始价值又称原值，是指企业在建造、购置或以其他方式取得某项固定资产达到可使用状态前所发生的全部支出。固定资产来源渠道不同，其原始价值的组成也不同。一般应包括建筑费、购置费和安装费等。固定资产的原值是计提折旧的依据。企业由于固定资产的来源不同，其原始价值的确定方法也不完全相同。从取得固定资产的方式来看，有调入、购入、接受捐赠、融资租入等多种方式。

购入固定资产是取得固定资产的一种方式。购入的固定资产同样也要遵循历史成本原则，按实际成本入账，计入固定资产的原值。借款购置的固定资产计价有利息费用的问题。为购置固定资产的借款利息支出和有关费用，以及外币借款的折算差额，在固定资产尚未办理竣工决算之前发生的，应当计入固定资产价值，在这之后发生的，应当计入当期损益。接受捐赠的固定资产的计价，所取得的固定资产应按照同类资产的市场价格和新旧程度估价入账，即采用重置价值标准，或者根据捐赠者提供的有关凭据确定固定资产的价值。接受捐赠固定资产时发生的各项费用，应当计入固定资产价值。融资租入的固定资产的计价租赁费中包括设备的价款、手续费、价款利息等。所以，融资租入的固定资产按租赁协议确定的设备价款、运输费、安装调试费等支出记账。

b. 净值　固定资产的净值是指固定资产原始价值或重置完全价值减去累计折旧后的余额。固定资产净值可以反映企业实际占用固定资产的数额和企业技术装备水平。主要用于计算盘盈、盘亏、毁损固定资产的溢余或损失及计算固定资产的新度系数等。

c. 重置完全价值　重置完全价值又称现实重置成本，即在当时的生产技术条件下，重新购置同样固定资产所需的全部支出。它主要用于清查财产中确定盘盈固定资产价值或根据国家规定对企业固定资产价值进行重估时用来调整原账面的价值。

d. 残值与净残值　残值是指固定资产报废时的残体价值，即报废时拆除后余留的材料、零部件或残体的价值。净残值是指残值减去清理费用后的余额。现行财务制度规定，各类固定资产的净残值比例按固定资产原值的3%～5%确定。

e. 增值　增值是指在原有固定资产的基础上进行改建、扩建或技术改造后增加的固定资产价值。增值额为由于改建、扩建或技术改造而支付的费用减去过程中发生的变价收入。

③ 固定资产折旧　固定资产折旧是指固定资产在使用过程中由于损耗而转移到产品成本或经营费用中的那部分价值。其目的在于将固定资产的取得成本按合理而系统的方式，在它的估计有效使用期进行摊配。固定资产的损耗分为有形和无形两种，有形损耗是指固定资产在生产中使用和自然力的影响而发生的在使用价值和价值上的损失；无形损耗是指由于技术的不断进步，高效能的生产工具的出现和推广，从而使原有生产工具的效能相对降低而引起的损失。因此，在固定资产折旧中要兼顾有形损耗与无形损耗。

a. 计算提取折旧的意义　折旧是为了补偿固定资产的价值损耗，折旧资金也为固定资产的更新、技术改造、促进技术进步提供了资金保证。正确计算提取折旧可以真实反映产品成本和企业利润，有利于科学评价企业经营成果，可为社会总产品中合理划分补偿基金和国民收入提供依据，有利于安排国民收入中积累和消费的比例关系。

b. 确定设备折旧年限的一般原则　确定设备折旧年限的一般原则有以下四个方面。

第一，统计历年来报废的各类设备的平均使用年限，作为确定设备折旧年限的参考依据。

第二，设备制造业采用新技术进行产品换型的周期，也是确定折旧年限的重要参考依据之一。目前，工业发达国家设备折旧年限一般为8～12年，我国一般按15～20年。

第三，对于精密、大型、重型稀有设备，由于其价值高而一般利用率较低，且维护保养较好，故折旧年限应大于一般通用设备；对于铸造、锻造及热加工设备，其折旧年限应比冷加工设备短些；对于产品更新换代较快的设备，其折旧年限要短，应与产品换型相适应。

第四，设备生产负荷的高低、工作环境条件的好坏，也影响设备使用年限。实行单项折旧时，应考虑这一因素。

c. 影响折旧的因素　影响折旧的因素主要有以下三个方面：第一是折旧基数，一般为取得固定资产时的原始成本；第二是固定资产净残值，即固定资产报废时预计可回收的残余价值扣除预计清理费用后的余额，一般为固定资产原值的3%～5%；第三是固定资产的使用年限，也就是提取折旧的年限。煤矿企业常用设备资产折旧年限见表1-1。

表1-1　煤矿企业常用设备资产折旧年限表

设备名称	使用年限/年	设备名称	使用年限/年
液压支架	8	井下架线电机车	10
采煤机	7～10	2米及以上绞车	25
掘进机	8	主要通风机	18
装煤机	7	工业排水泵	10
装岩机	7	洗选设备	10～15
刮板输送机	4～6	胶带输送机	10

二、任务准备

煤矿机电设备管理的基础工作包括设备资产管理、设备的封存与闲置处理、设备租赁的相关内容及煤矿井下移动设备的管理。

1. 设备资产管理的基础工作

主要是指设备的分类与资产编号、设备的账卡设置与登记、图牌板管理、设备的资料档案管理等工作。

2. 设备的闲置与封存

封存是对企业暂时不需用的设备的一种保管方法。《煤炭工业企业设备管理规程》第四十六条规定：对于企业暂不需用或需要连续停用六个月以上的设备应进行封存。经企业设备管理部门核准封存的设备，可不提折旧。封存分原地封存和退库封存，一般以原地封存为主。

《煤炭工业企业设备管理规程》第四十六条明确指出，企业闲置设备是指企业中除了在用、备用、维修、改装、特种储备、抢险救灾所必需的设备以外，其他连续停用一年以上的设备，或新购进的两年以上不能投产的设备。

3. 设备的租赁

设备租赁是将某些设备出租给使用单位（用户）的业务。企业需要的某种或某些设备不必购置，而是向设备租赁公司申请租用，按合同规定在租期内按时交纳租金，租金直接计入生产成本。设备用完后退还给租赁公司。这样可以减少企业固定资产投资，使固定资产流动化，降低成本；可以加速提高设备的技术水平，减少技术落后的风险，促进企业加强经济核算、改善设备管理。

4. 井下移动设备管理

移动设备是指在使用过程中工作地点经常变动的设备。露天矿和矿井的大部分生产设备均属于移动设备。

煤矿企业的特点之一就是作业场所不断变更，采掘设备经常处于移动状态。设备经常移动带来最突出的问题是管理困难，丢失和损坏严重。因此，必须采取有效措施，加强移动设备的管理。移动设备管理流程如图 1-3 所示。

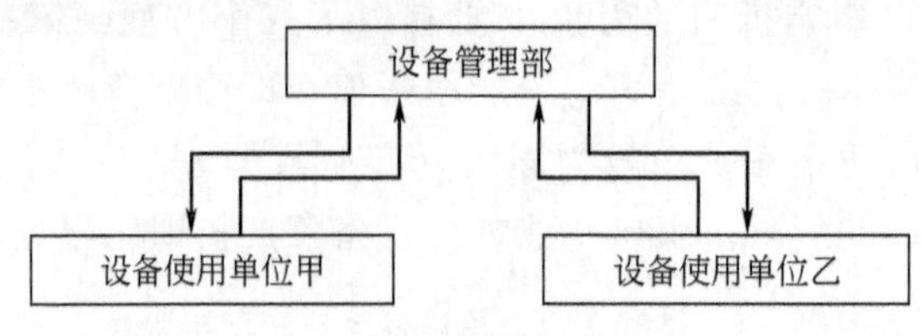

图 1-3 移动设备管理流程

三、任务分析

1. 设备资产管理内容的分析

（1）设备的分类与编号 为了对设备资产实行有效的管理，实现标准化、科学化和计算机化，满足企业生产经营管理的需要和企业财务、计划、设备管理部门及国家对设备资产的统计、汇总、核算的要求，对企业所使用设备必须进行科学的分类与编号。这是设备资产管理的一项重要的基础工作，也是掌握固定资产的构成、分析企业生产能力、开展经济活动的关键。

（2）设备的账卡、图牌板管理 设备账卡的建立是设备管理工作的基础，是掌握设备数量和动态变化的主要手段。设备账卡不仅记载着每台在籍设备的详细规格和制造厂名，而且记录着每台设备从购入、使用到报废为止的整个情况。主要账卡有设备明细台账、设备数量台账、主要设备技术特征卡、设备保管手册、矿井移动设备动态卡片等。

设备的图牌板管理是根据不同的用途制作各种图牌，将标有设备名称、编号的小牌挂在图板不同的位置上，可以直观地了解设备的数量、分布情况、利用情况等。当设备有变动时，可移动或变换小牌的位置，操作简捷方便、直观。企业设备管理部门可设置生产设备、修理设备、库存设备牌板、生产供电系统牌板、统计指标牌板等。车间、区队也应设置本部门管理范围内的设备牌板。

矿井一般有以下几种图牌板。

① 井下机电设备图牌板 掌握全矿井下采煤、掘进、运输设备使用情况的总牌板。板上按设备的使用单位不同挂有设备小牌，设备如有变动，应根据设备的调动、安装、拆除和交换手续随时变换小牌的位置。设备牌板由设备管理部门的专职管理员管理。

② 库存机电设备图牌板 反映企业机电设备在库房存放、未使用的牌板，它包括备用、停用、待修、闲置等设备，在板上按设备状态分类挂牌。

③ 井下供电系统图牌板 标明井下供电系统的图板。板上不仅反映出井下供电系统，而且反映出从井下中央变电所到各采区、采掘工作面和各用电地点的各种电气设备的名称、容量、负载、电缆长度、规格及继电保护的整定值等。

④ 采、掘、运区（队）的设备图牌板 在采、掘、运区（队）设置。板上有设备名称、型号和编号。小牌两面用不同符号标明设备完好和不完好，小牌随同设备走。

⑤ 设备修理图牌板 反映设备修理情况的牌板。板上按设备的修理地点挂牌。

⑥ 小型电器设备管理图牌板 用来统一掌握全矿各种小型电器设备的图牌板。板上记

载着各种小型电器设备的在籍、使用、备用和待修数量及使用、存放地点等情况。

⑦ 矿井设备“四率”统计图牌板　设备管理部门掌握设备的使用率、完好率、待修率、事故率的统计图牌板。牌板上记载各种设备的在籍、使用、带病运转、待修和事故记录。

除上述图牌板外，还可根据共体情况设置电缆管理牌板、轨道管理牌板等。

(3) 设备档案管理内容分析　设备档案是指设备从规划、设计、制造、安装、调试、使用、维修、改造、更新直至报废的全过程中形成的图样、方案说明、凭证和记录等文件资料，是设备寿命周期内全部情况的历史记录。一般应包括设备前期与设备投产后两个时期积累的资料。

设备前期主要资料有设备选型和技术论证、设备购置合同（副本）、设备购置技术经济分析评价、自制专用设备设计任务书和鉴定书、外购设备的检验合格证及有关附件、设备装箱单及设备开箱检验记录（包括随机备件、附件、工具及文件资料）、设备安装调试记录、精度检验记录和验收移交书等；设备投产后主要资料有设备登记卡片、设备使用初期管理记录、开动台时记录、使用单位变动情况记录、设备故障分析报告、设备事故报告、定期检查和监测记录、定期维护与检修记录、大修任务书与竣工验收记录、设备改装和改造记录、设备封存（启用）单、修理和改造费用记录、设备报废记录等。

由于矿井机电设备种类繁多，规格型号复杂，因而只能有重点地选择主要生产系统中对生产和安全有较大影响的关键设备及相关系统建立设备服役档案。如煤矿的固定设备、综采综掘设备、矿井变电所设备及系统、大型运输设备、露天采剥设备等。

设备档案管理就是对设备的资料进行收集、鉴定、整理、立卷、归档和使用的管理。设备的档案资料应按每台设备独立整理，存放在档案袋内，档案编号应与设备编号一致，设备档案袋由设备管理和维修部门负责管理，保存在档案柜内，按顺序编号排列，定期进行登记和资料入袋工作。

2. 设备的封存与闲置

(1) 设备的封存范围　在煤炭工业企业中，需要封存的设备一般包括以下几类。

① 由于生产、基建、地质勘探任务的变更、采煤方法的改变、勘探施工地点的变动等原因暂时停用的设备。

② 经清产核资、设备清查等暂时停止使用的且停用在六个月以上的设备（不包括备用或因季节性生产、大修理等原因而暂时停止使用的设备）。

(2) 设备闲置的意义　企业闲置设备不仅不能为企业创造价值，而且占用生产场地、资金，消耗维护保管费用，因此，企业应及时积极地做好闲置设备的处理工作。企业除应设法积极调剂利用外，对确实长期不能利用或不需用的设备，要及时处理给需用单位。

3. 设备的租赁方式

设备租赁方式一般可分为两大类，即社会租赁和企业内部租赁。

(1) 社会租赁方式　依据现代设备管理的社会特征，依靠和借用社会力量来解决企业需用的设备，是使企业获得良好经济效益的重要途径之一。社会租赁就是由社会上的专业租赁公司将机电设备租赁给需用设备的单位。目前我国采用较多的是融资租赁和经营租赁。

① 经营租赁　经营租赁是指只出租设备的使用权，而所有权仍为出租企业的租赁方式。经营租赁方式主要是为解决企业生产经营中临时需要的设备。承租企业的责任是按租赁合同的规定按时支付租金，保证租入设备的完好无损，对租入设备不计提折旧；承租企业对租入设备支付的租金和进行修理所发生的费用均作为制造费用计入产品成本。

② 融资租赁　融资租赁既出租设备的使用权，又出租设备的所有权，在承租企业付清最后一笔租金后，设备的所有权就转移到承租企业。融资租赁与经营租赁具有本质上的区别，在管理上也不相同。

a. 以融资租赁方式租入的设备，其所有权也租给承租企业。因此，承租企业必须将其视为自有资产进行管理，直接登入企业固定资产有关明细账内。

b. 承租企业在使用融资租入设备期间，需计提折旧，作为企业的制造费用或管理费用处理。

c. 承租企业按承租协议或合同规定每期支付的租金（包括设备买价的分期付款、运杂费、安装费、未偿还的部分利息支出和出租企业收取的管理费和手续费等）不能直接计入生产成本。

由以上分析可以看出，融资租赁实质上是以实物资产作为信贷，租金是对信贷资产价值的分期偿还。融资租赁方式，一般主要用于中小型企业的主要生产设备，可以解决企业资金不足的问题。从某种意义上说，融资租赁方式也是企业筹集资金的重要方式之一。

（2）企业内部租赁方式　内部租赁是在大型联合企业内部实行的一种租赁制度。目的是为了加强设备管理，充分发挥设备资产的使用效益，防止积压浪费，把基层企业的全部或部分机电设备由设备租赁公司（站）租给基层企业。目前煤炭行业内部租赁方式可归纳为维修租赁和承包租赁两种。

① 维修租赁　维修租赁是指租赁设备的单位对租入设备只负责使用和日常维护、保养，修理工作由租赁站负责。目前我国煤炭生产和基建企业大多采用这种方式。具体做法如下。

a. 在一个公司内，各矿将需要租赁的设备在年度计划内确定，由设备动力部门与局设备租赁站签订租赁合同。合同格式各地虽有所差别，但其主要内容和格式是一致的（合同的具体格式见表 1-2）。

表 1-2　设备内部租赁合同书

甲方：　　　乙方：　　　　年　　月　　日　　　　　　合同编号：

设备编号		设备名称		型号、规格	
		月折旧率		月折旧金额	
资产原值		月大修提存率		月预提大修费	
双方协议内容：(包括起止日期、设备技术状况说明、维修及大修费用支付等)					
公证单位		租入单位设备动力部门		设备租赁站	
负责人　经办人		负责人　经办人		负责人　经办人	
备注：实际终止合同日期		财会部门签收一份		财会部门签收一份	

说明：此表一式四份，原在单位、租赁单位、技术部门、设备动力部门和财会部门各一份。

b. 设备租赁站按合同要求将设备送到矿上或由矿自行提运。

c. 自设备到矿之日起计算租金，设备使用完毕，由矿负责收回放到指定地点后，即停止计算租金，由租赁站派车（或委托运输部门）将设备运回租赁站，经技术鉴定后，需要进行修理的送修理厂进行修理，修好后验收入库待租。

② 承包租赁　承包租赁有两种形式，即自带设备承包工程、租赁设备并配备司机。这种方式主要适用于基建企业、运输企业等。其收费办法按承包项目或台班计费。

4. 采掘工作面机电设备的移动过程与管理

采掘工作面的生产设备的移动过程：准备工区根据生产安装任务领出并进行安装，经运转验收后，交给采掘工区使用，当采掘工作面结束后，再由准备工区拆除运至地面机修厂（或机修车间）进行检修，检修完入库待用。

采掘工作面机电设备管理要点是跟踪设备的移动过程，明确各环节的责、权、利问题，及时调整相关账卡管理资料，必要时要建立设备移动情况目视牌板，并通过专门的联系方式和组织对设备状况进行监管，制定相应的措施和移动方案，确保设备的使用效率和完好。

四、任务实施

1. 设备资产管理的具体实施

（1）设备分类与编号的方法　设备的分类编号主要依据是由国家技术监督局批准发布的《固定资产分类与代码》国家标准（GB/T 14885—2010）。该标准设置了土地、房屋及构筑物、通用设备等十个门类，基本上包括了现有的全部固定资产。同时，该标准还兼顾了各行业、部门固定资产管理，特别是设备资产管理的需要，各部门、各行业还可在该标准目录下补充、细化本部门、本行业使用的目录，但规格复杂的设备必须与国家标准相一致。

该标准适用于固定资产（包括设备资产）的管理、清查、登记和统计核算工作。

具体的分类编号方法如下。

① 本标准设置的十个门类，以“一、二、三、…、十”表示，不列入编号。

② 将固定资产分为大类、中类、小类、细类四个层次，采用等长的6位数字层次代码结构。第一、第四层以两位阿拉伯数字表示；第二、第三层以一位阿拉伯数字表示；其具体分类编号结构如图1-4所示。

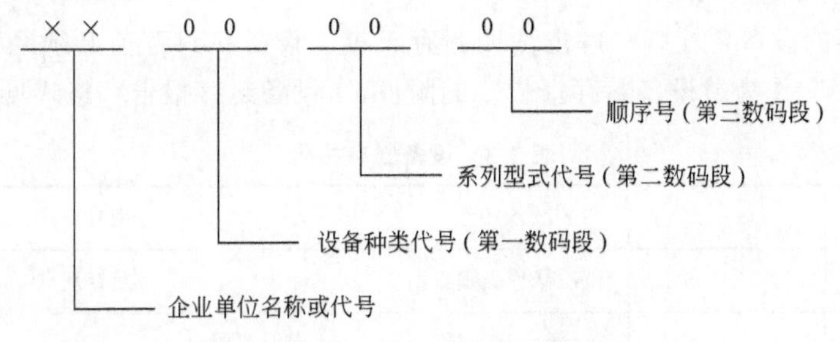

图1-4　固定资产分类编号结构图

③ 各层次留有适当的空码，以备增加或调整类目时使用。

④ 第一、第二、第三层的分类不再细分时，在其代号后补“0”直至第6位。

⑤ 本标准各层分类中均设有收容项，主要用于该项尚未列出的固定资产。

以联合采煤机的代码“254105”为例，“25”表示探矿、采矿、选矿设备；“4”表示采煤及支护设备；“1”表示采煤机；“05”表示联合采煤机。具体各类设备资产的编码详见《固定资产分类与代码》国家标准；机械工业企业设备编号可参阅1965年原第一机械工业部颁发的《设备统一分类及编号目录》及补充规定。

设备资产有了明确的编号，在固定资产账和设备台账上就有了确定的位置，可以做到登录有序。设备的编号牌应有企业的名称或代号，使账、卡、物编号相符，便于设备清查与管理。

（2）设备账卡管理包含的主要内容

① 设备明细台账。设备明细台账是对企业全部在籍设备设置的。台账的排列次序应依照设备的分类编号。按系列型号、分规格从大到小进行排列，不同设备名称及型号规格均应

分页建账。台账内容详细记载每台设备的主要技术特征、制造厂名、出厂时间、编号，同时还要记录设备自购入、安装、使用、调动、改造直到报废整个技术动态和价值变化情况。

② 设备数量台账。设备数量台账是企业机电设备在籍数量分系列型号的统计台账，是设备明细台账在数量上的汇总。

③ 主要设备技术特征卡。主要设备技术特征卡是专门为反映企业生产系统主要设备的技术特征而设置的，其内容记载着设备的技术特征、技术参数，以便随时查阅。

④ 设备保管手册。设备保管手册是为车间、区队和其他部门使用设备而设置的，其内容、范围可由各单位自定。

⑤ 矿井移动设备动态卡。煤矿企业设备移动频繁，对移动设备应建立移动设备动态卡，即用来记录井下移动设备情况的卡片。卡片记录的内容主要是设备的技术特征、制造厂名、设备的移动情况。

(3) 设备档案管理实施的主要注意事项

① 设备档案要有专人负责管理，不得处于无人管理状态。

② 明确纳入设备档案各项资料的归档路线。

③ 明确定期登记的内容和负责登记的人员。

④ 制定设备档案的借阅管理办法，防止丢失和损坏。

⑤ 对重点管理设备的档案，做到资料齐全、登记及时、准确。

2. 设备闲置与封存的实施

(1) 设备封存的基本要求

① 对于封存的设备要挂牌，牌上注明封存日期。设备在封存前必须经过鉴定，并填写“设备封存鉴定书”作为“设备封存报告”的附件，“设备封存报告”格式见表 1-3。

表 1-3 设备封存报告

设备编号		设备名称		型号规格	
用途		上次修理类别日期		封存地点	
封存开始日期		年 月 日	预计启封日期		年 月 日
设备封存理由					
技术状态					
随机附件					
	财务部门签收	主管厂（矿）长总工批示	设备动力部门意见	生产计划部门意见	
封存审批					
启封审批					
启用日期及理由					

使用、申请单位　　主管　　经办人　　年 月 日

说明：此表一式四份，使用和申请单位、生产计划部门、技术发展部门、设备动力部门、财会部门各一份。

② 封存的设备必须是完好设备，损坏或缺件的设备必须先修好，然后封存。

③ 设备的封存和启用必须由使用部门向企业设备主管部门提出申请，办理正式审批手续，经批准后生效。

④ 对于封存的设备必须保持其结构完整，技术状态良好，要妥善保管，定期保养，防止损坏。

⑤ 设备封存后，必须做好设备防尘、防锈、防潮工作。封存时应切断电源，放净冷却水，并做好清洁保养工作，其零部件与附件均不得移作他用，以保证设备的完整；严禁露天存放。

（2）企业闲置设备的处理方式　企业闲置设备的处理方式主要有出租、有偿转让等。

① 设备出租是指企业将闲置、多余或利用率不高的设备出租给需用单位使用，并按期收取租金。企业在进行设备出租时，需与设备租用单位签订合同，明确出租设备的名称、数量、时间、租金标准、付费方式、维修保养责任和到期收回设备的方式等。

设备出租可以解决设备闲置，充分发挥设备效能，并收回部分资金，提高效益。租入设备的企业也可用少量的资金解决生产需要。

② 设备有偿转让是指企业将闲置设备作价转让给需用设备的单位，也就是将设备所有权转让给需用设备的单位，从而收回设备投资。企业在转让设备时，应按质论价，由双方协商同意，签订有偿转让合同，同时应连同附属设备、专用配件及技术档案一并交给接收单位。

国家规定必须淘汰的设备，不许扩散和转让。待报废的设备严禁作为闲置设备转让或出租。企业出租或转让闲置设备的收入，应按国家规定用于设备的技术改造和更新。

3. 设备内部租赁费用的计算、安排及使用

（1）设备内部租赁费的计算　对于设备的租赁费标准，目前尚无统一规定。煤炭工业企业内部租赁一般由矿务局自定。主要费用项目应包括基本折旧费、大修费、维修费（中小修）、运输费和管理费等。其计算公式为：

$$月租赁费=\frac{1}{12}\times\left(\frac{P}{n}+P\times k+M_{修}+C_{运}+C_{管}\right)$$

式中　P——租赁设备的原值；

n——设备规定的使用年限；

k——租赁设备大修理年提存率；

$M_{修}$——租赁设备年平均修理费（中小修）；

$C_{运}$——设备年平均运输费（往返于矿-租赁站）；

$C_{管}$——租赁应分摊的租赁站的管理费。

注：外部租赁时需加收税。

（2）设备租赁费的安排和使用　设备租赁费是维持设备正常运转、进行技术改造和更新的主要资金来源，必须合理地安排和使用，租赁费一般按月计算，由财务部门或租赁站统一核收。基本折旧费和大修费应纳入局财务计划统一安排使用，中小修理费、运输费、管理费统一由租赁站安排使用。使用的原则是先提后用、量入为出、以租养机、专款专用、收支平衡。对于修理费用多数是按实际支出进行决算，实行多退少补的办法。设备维护保养得好，修理费就会比计划低，剩余的退给矿上冲减成本。修理费用超支的由矿上补交，这样就可以促使矿上加强设备管理，设备使用完毕，应及时回收，尽量减少丢失和损坏现象。

4. 移动设备的管理措施

煤矿企业移动设备主要是采掘设备，为最大限度地发挥设备的效能和保持资产的完整性，防止丢失和损坏，在管理上应采取以下措施。

（1）加强移动设备的领用管理　设备管理部门要根据生产任务的需要和设备使用地点的条件，确定配置生产所需设备的型号、规格和数量。具体要求是要保证每台设备能得到充分的利用，防止设备在生产部门的积压浪费，建立完善的领用手续和使用台账。

（2）加强移动设备的图牌板管理　随时掌握设备的使用（或存放）地点和利用情况，以及设备的在用、修理、停用或闲置的变化情况，做到数量清、状态明。

（3）加强设备运输过程的管理　由于煤矿生产是地下作业，设备在井下的运输过程中容易损坏或丢失，必须由责任心强的人负责，建立严格的交接验收制度。

（4）加强移动设备的维修管理　移动设备的使用地点分散，且经常变动，其日常维修工作由使用单位负责，设备的中修和大修一般由设备修理部门（机修车间或修理厂）负责。设备管理部门应加强对设备的操作人员和维修人员的技术指导和技术培训工作，以保证设备的检修质量和正常运转。

（5）加强移动设备的安全管理工作　移动设备一般安装在空间窄小、安全条件较差的采掘工作面，安全装置的功能状况一旦出现事故，将直接影响工人的生命安全。因此，必须把安全管理工作放在首位，经常检查各种设备的安全装置是否齐全和正常运行，发现问题及时处理。

（6）加强移动设备的回收工作　井下采区和工作面生产结束后，必须及时回收各种设备，建立专门的设备回收队伍，尽量减少不必要的丢失。

五、任务讨论

(一)任务描述

1. 对给定设备进行分类,并针对其特点进行资产管理、租赁、封存等管理。

2. 建议学时:3 学时。

(二)任务要求

1. 能正确地进行设备分类。

2. 能对设备进行资产管理或进行租赁、封存与闲置等。

3. 能按相关程序对设备进行管理,并对管理过程中出现的问题进行处理。

(三)任务实施过程建议

工作过程	学生行动内容	教学组织及教学方法	建议学时
资讯	1. 阅读分析任务书; 2. 收集相关资料	1. 发放工作任务书,布置任务,学生分组; 2. 用典型案例分析引导学生正确分析任务书的内容、收集资料	0.5
决策	1. 根据设备的具体情况对其进行分类; 2. 对设备的分类进行分组讨论	1. 引导学生进行设备分类; 2. 听取学生的决策意见,纠正不可行的决策方法,引导其最终得到最佳方案	
计划	1. 确定设备资产管理的基本内容; 2. 确定设备采用租赁、封存或闲置; 3. 讨论管理内容的可行性	1. 审定学生初步拟定的相关管理内容; 2. 组织学生互相评审; 3. 引导学生确定最佳分类及管理方式	0.5
实施	1. 确定设备租赁方式并填写设备租赁合同; 2. 对封存的设备填写设备封存报告; 3. 确定设备的闲置处理方式; 4. 列举可能在管理过程中出现的问题并提出合理解决方案	1. 设计可能出现的问题,引导学生给出解决方案; 2. 对相关的合同、报告等内容进行审定	1

续表

工作过程	学生行动内容	教学组织及教学方法	建议学时
检查	1. 检查已完成的合同、验收单等内容的正确性； 2. 对可能出现的相关问题进一步排查	1. 组织学生进行组内互查及组组互查； 2. 与学生共同讨论检查结果	0.5
评价	1. 进行自评和组内评价； 2. 提交成果	1. 组织学生进行自评及组内评价； 2. 对小组及个人进行评价； 3. 给出本任务的成绩并对任务完成情况进行总结	0.5

(四)任务考核

考核内容	考核标准	实际得分
任务完成过程	70	
任务完成结果	30	
最终成绩	100	

习题与思考

1. 设备资产管理工作的基础工作包括哪些内容？
2. 固定资产折旧有哪些计算方法？
3. 工业企业中哪些设备需要封存？设备封存的基本要求是什么？
4. 什么是设备租赁？租赁方式有哪几种？
5. 煤矿移动设备在管理上应采取哪些措施？

任务二　煤矿机电设备的使用、维护和保养

子任务一　煤矿机电设备的正确使用与管理

学习目标及要求

- 掌握设备安装的管理工作
- 掌握设备调试与试运转的基本要求
- 掌握设备使用管理制度的编制与贯彻实施
- 了解操作人员的基本要求

一、知识链接

任务一中完成了设备管理从选型、购置、资产管理等基础工作，接下来的安装到交付使用直到报废为止，都属于设备的后期管理工作。其中，包括设备安装、使用、维护与保养管理工作。

设备的正确使用，要由设备操作规程、对操作人员的严格要求、开展技术培训、合理使用设备等制度和措施来保证。操作规程必须简洁、明确，具有可操作性和针对性，同一设备在不同的使用环境下应考虑会有不同的操作程序，编制时不能千篇一律。操作规程必须认真贯彻，使每一个操作人员都熟练掌握，并严格遵照执行。对操作人员要求做到“三好”、“四会”和“五项纪律”。

保证设备的安装质量，必须做好设备安装的计划编制，施工费用预算和施工期间的组织管理。编制设备安装工程计划应客观、准确，采用的编制依据应真实可靠；计算施工费用时应采用国家最新定额，设备安装工程施工费用由直接费、间接费、计划利润、材料价差和税金五部分组成；施工组织管理包括施工前期准备工作、安装施工管理、设备调试与试运转和交接验收。前期准备主要是技术准备、物资准备和施工现场准备。施工管理主要包括技术管理、组织管理、物资管理和安全管理。交接验收应注意交接时资料齐全。

二、任务准备

1. 煤矿机电设备的安装管理

设备安装管理是对设备安装工程的计划、组织和实施过程的管理，具体内容包括设备安装工程计划的编制、安装工程费用的管理、安装工程施工组织与管理、安装工程的调试、试运转与交接验收等。

2. 设备的调试及试运转

设备调试与试运转是保证设备安装质量和高效运行的重要措施，是设备安装工程中不可缺少的环节。

设备的调试是对装配和安装的设备元件、部件之间的配合状态进行调整，使其达到设计

要求。其目的是使设备与系统获得最佳的运行状态。

设备试运转是一项完整的系统工程，除必须制定具体的试运转细则外，更要精心组织，做到职责明确、措施有力、准备充分、认真检查、统一指挥、行动一致。

3. 设备的交接与验收管理

为了评定设备的安装质量，明确划分安装与使用及维修的责任，在设备安装工程竣工后，须由主管部门组织施工单位、设计单位、使用单位和技术监督部门成立设备交接验收组，对设备及工程进行评定验收。

4. 设备的正确使用

要做到正确使用设备，用好设备，首先必须从管理入手，想要真正管好、用好设备，就要有一套良好的、合理的、切实可行的管理方法和规章制度。

三、任务分析

1. 设备安装工程计划的编制

煤矿设备安装工程主要包括基本建设（新建或改扩建）的设备安装和生产准备（如新采区、新工作面）的设备安装两方面。可能一次安装一台设备，也可能同时安装多台设备，无论哪类工程，在施工前都要编制设备安装工程计划。

设备安装工程计划编制的主要依据——工程性质、工程施工条件、工程量、工期要求、安装人员、技术要求和实际技术水平，以及材料消耗、定额和费用、工时等。设备安装工程计划的编制步骤如下。

① 根据企业生产经营总体计划要求和设备到货情况，确定设备安装工程项目，了解工程概况。

② 计算出设备安装工程的工程量、人员的需要量、机具和材料的需要量，并做出安装工程费用预算。

③ 安排施工顺序，进行工程排队，编制安装作业进度图表（复杂的工程可以采用网络计划技术）和劳动组织图表。

④ 编制物资供应计划。

⑤ 作计划的综合平衡，以保证计划的实施。

设备计划的编制应由企业设备主管部门、计划部门、生产技术部门、设备材料供应部门、财务部门和施工部门共同完成。

2. 工程施工费用预算

工程预算是对工程项目在未来一定时期内的收入和支出情况所做的计划。它可以通过货币形式来对工程项目的投入进行评价并反映工程的经济效果。它是加强企业管理、实行经济核算、考核工程成本、编制施工计划的依据；也是工程招投标报价和确定工程造价的主要依据。

（1）设备安装工程预算的组成　单位安装工程预算文件主要由以下几部分组成。

① 预算文件封面　按一定格式填写单位工程名称、编号及所隶属单项工程名称、编制单位和负责人签章，注明批准的概算总值、技术经济指标、编制审核日期等内容。具体格式如图 2-1 所示。

② 工程预算编制说明　把预算表格不能反映以及必须加以说明的事项，用文字形式予以表述，以供审批及使用时能对其编制过程有全面的了解。主要内容包括：工程概况及技术特征说明；编制预算的依据，如施工图号、采用的定额、材料预算单价、各种费率等；预算

× × ×(单位)
施工图预算

单项工程名称＿＿＿＿＿＿	批准概算金额＿＿＿＿＿＿
单位工程名称＿＿＿＿＿＿	批准预算金额＿＿＿＿＿＿
批 准 单 位＿＿＿＿＿＿	编 制 单 位＿＿＿＿＿＿
负 责 人＿＿＿＿＿＿	负 责 人＿＿＿＿＿＿
审 核 人＿＿＿＿＿＿	编 制 人＿＿＿＿＿＿
批 准 日 期＿＿＿＿＿＿	编 制 日 期＿＿＿＿＿＿

图 2-1 预算文件封面格式

编制中存在的问题；预算总值及技术经济指标计算等。

③ 单位工程预算总表 即汇总表，也就是把单位工程中的各个分部、分项工程计算的结果，按直接费、施工管理费和其他费用的明细项目统计累加在一起，构成预算总值，并计算出相应的技术经济指标，从而清晰地看出预算费用的结构组成，以便于审批及分析。

④ 单位工程预算表 是单位工程预算文件的主要组成部分，具体反映了单位工程所属各预算项目（分部、分项工程或安装项目），预算单价及总价的计算过程，包括计算依据的定额编号、耗用的人工、材料、机械台班等，是编制预算总表的基础。单位工程预算表格式见表 2-1。

表 2-1 单位工程施工图预算表

单项工程名称＿＿＿＿＿＿

单位工程名称＿＿＿＿＿＿ 元

序号	定额编号	分部分项工程名称（技术特征及设备材料规格、型号）	单位	数量	单价				总价			
					人工	材料	机械	小计	人工	材料	机械	合计
1	2	3	4	5	6	7	8	9	10	11	12	13
一 1 2 3 二 ⋮												

⑤ 工程量计算表 主要用于计算各预算项目的工程量，以确定并复核施工图纸提供的工程量数据，从而准确地计算工程造价。但对于安装工程而言，由于其工程量确定一般都很简单，大部分不需要计算，故通常只在复核管线工程、金属结构工程及二次灌浆工程量时使用此表。

⑥ 人工及主要材料汇总表 把完成本单位工程所需分工种、工日数和分类别的材料量汇总在一起，用作备工、备料、供应部门控制拨料及班组核算用料的依据。

(2) 单位工程预算费用组成 设备安装工程的造价（费用）一般可分为直接费用、间接费用、计划利润、材料价差和税金五大类。具体计算及构成见表 2-2。

表 2-2　设备安装工程造价计算表

费用名称	取费基础	
	直接费	人工费
一、直接费		
(一)基本直接费		根据定额计算
1. 直接定额费	根据定额计算	
(1)人工费		
(2)材料费		
(3)机械费		设计图用量×(1+定额损耗率)
2. 安装工程定额外材料费	根据定额计算	
3. 井巷工程辅助费	基本直接费×综合费率	人工费×综合费率
(二)其他直接费	直接费×(施工管理费率+其他间接费率)	人工费×(临时设施费率+劳保支出费率)
二、间接费		
其中:临时设施及劳保支出	(直接费+间接费)×计划利润费	安装工程:人工费×计划利润率
三、计划利润	根据材料价差计算办法计算	
四、材料价差	(直接费+间接费+计划利润+材料价差-其中)×综合税率	根据材料价差计算办法计算
五、税金		(直接费+间接费+计划利润+材料价差-其中)×综合税率
工程造价	直接费+间接费+计划利润+材料价差+税金	直接费+间接费+计划利润+材料价差+税金

(3) 安装工程费用预算编制依据　在编制机电安装工程预算时，必须以国家主管部门统一颁发制定的一系列文件、标准及有关单位提供的大量基础资料为依据。在一般情况下，主要包括矿井建设单位统一名称表、批准的总概算书中规定的单位工程投资限额、设备安装工程图、安装工程预算定额、施工部门安装工人平均工资水平、施工管理及其他费用的取费标准、材料预算价格、施工组织设计及其他。

3. 交接验收的程序和职责

交接验收必须按照一定的程序、明确的分工和职责组织进行，主要有以下几个方面。

① 检查工程技术档案、隐藏工程记录、调试报告和设备清册等资料。

② 抽检工程标准和安装质量，对工程质量和安全问题提出整改意见。

③ 组织安装单位和使用单位编制试运行实施计划，检查试运行情况。

④ 对安装质量进行评定，填写工程验收鉴定书。

4. 设备正确使用的基础

设备管理制度是管好用好设备的基础，设备管理制度含义极广，涵盖了设备的设计、选型、采购、安装、验收、使用、维护、大修、报废、更新等全过程。煤矿机电设备管理常用的使用、维护、管理制度有以下几种。

① 操作规程　操作规程即为设备的正确操作方式和操作顺序，是保证设备正常启动、运行的规定。严格按照操作规程操作是正确使用设备、减少设备损坏、延长设备寿命、防止发生设备事故的根本保证。发生在煤矿生产中的事故，往往就是没有严格执行操作规程而造成的，如斜坡运输发生跑车事故，常常就是因超拉、超挂，提升负荷超过绞车的提升能力而造成。

② 岗位责任制　岗位责任制就是对从事某一岗位的人员应该承担的责任、义务及所具有的权力规定。它明确规定了操作人员或值班人员的工作范围和工作内容，应遵守的工作时间和职权范围，是正确使用设备、防止事故发生的有力保证。现以井下中央变电所变电工岗位责任制为例，说明怎样制定岗位责任制。

井下中央变电所值班人员岗位责任制

1. 坚守工作岗位，坚持八小时工作制，自觉遵守劳动纪律和各项规章制度。

2. 严格执行手上交接班，接班人员应提前到工作岗位接班，如因故不到，交班人员未经许可，不得自行离开工作岗位或托人代替交班。

3. 严格执行保安规程和安全操作规程，上班前不准喝酒，交班人员如发现接班人员有醉酒或精神恍惚现象，交班人员有权拒绝交班，并将情况报告矿调度室或队领导。

4. 熟悉所内的设备性能及运行方式，经常观察变压器、高低压开关和检验继电器是否运行正常，如发现有异常情况，应立即报告矿调度室，不得擅自行动。

5. 严格执行停送电制度，高压系统的停送电必须有电调人员的书面或电话通知，低压系统的停送电必须由与工作相关的电工申请，并经电调人员或矿调度室同意后方可执行。

6. 经常保持设备、硐室清洁、整齐。

7. 严禁非工作人员进入变电所。

8. 有权拒绝非电调人员对电气设备操作的指挥。

9. 严格执行设备巡回检查并认真、准确填写各种记录。

③ 设备运行、检修记录　设备运行记录反映设备的运行状况，为设备检修提供重要依据。通过分析的运行记录，可以发现设备性能的变化趋势，便于提早发现设备存在的隐患，及时安排设备检修，防止设备性能恶化，从而延长设备的使用寿命。

设备运行记录的内容主要是设备运行中的各种参数，如电流、电压、温度、压力等，也包括设备运行中出现的异常情况。运行记录一般采用表格形式，表格中应有设备编号、安装地点、记录时间等以及记录人员的签字。

检修记录为技术人员和管理人员对设备性能及状况的了解提供依据，便于及时安排设备的大修或更新。这里所说的检修记录主要是指临时检修、事故检修或不定期检修的记录，对于定期检修和大修应有专门的记录。无论是临时检修还是事故检修，记录中都应标明所检修设备的编号、损坏情况、检修部位、更换的元件、检修后的参数等主要内容，必要时可提出对设备的后续处理意见，同时还应载明检修日期和检修人员并签名。

④ 设备定期检修制度　设备定期检修是保证设备正常运行的一项重要措施，它是一种有计划、有目的的检修安排。检修间隔的长短，主要根据设备的运行时间、设备的新旧程度、设备的使用环境等因素确定，检修周期有日检、周检、旬检、月检、季检、年度检修等。煤矿机电设备种类繁多，有固定安装设备、移动设备、临时设备，有的设备（如主通风机）为长时间连续运行，有的设备是短时频繁启停。因此，科学、合理地安排检修周期就显得极为重要。目前煤矿常用的检修周期，对固定设备有周检、月检、季检和年度检修，对于移动设备，主要是根据采煤工作面的情况确定。

编制设备定期检修计划，必须明确所检修设备的部位、要达到的检修质量、检修所需时间、检修进度、人员安排、备品配件计划等内容。对于大型设备的检修，应编制专门的施工安全技术措施，经相关部门和领导审签后方可施工。

⑤ 设备包机制度　设备包机制度是加强设备维护、减少设备故障的一种有效方法，它是将某些设备指定由专人负责维护和日常检修，将设备的完好率、故障率与承包人的收入挂钩，有利于加强维护人员的责任心，从而降低设备的事故率。

⑥ 电气试验制度　电气试验制度是针对供配电设备制定的，是保证供配电系统正常运行，防止发生重大电气事故的保障措施。它通过电气试验，及时发现并排除电气设备存在的

隐患，防止问题恶化而导致重大设备或电气事故。目前煤矿生产中的电气试验，主要是指对高压系统如 6kV 及以上变电所电气设备及电缆线路的试验，因试验时间长，影响范围大，一般在年度停产检修时安排。

在进行电气试验施工前，技术人员必须编制相应的技术安全措施，报经相关部门及负责人审签后，严格按照措施贯彻执行。

⑦ 事故分析追查制度　事故分析追查制度是煤矿设备管理的一项重要制度。不同企业对设备事故的定义不同，从广义来讲，是指无论由于设备自身的老化缺陷，还是操作不当等外因，凡是造成了设备损坏，或发生事故后影响生产及造成其他损失的，均为设备事故。例如，电机过载、缺相或因操作不当造成电机烧坏，都属于设备事故。

根据设备损坏情况和对生产造成的影响程度，将设备事故分为三类：一类为重大设备事故，即设备损坏严重，对生产影响大，或修复费用在 4 000 元以上；二类为一般设备事故，即设备主要零部件损坏，对生产造成一定的影响，或修复费用在 800 元以上；三类设备事故为一般部件损坏，即没有或造成的损失很微小。

无论事故大小，都应对事故原因进行必要的分析和追查，特别是对人为造成的重大事故要进行认真分析，找出造成事故的原因，以便采取相应的措施，防止类似事故的再次发生。

制定设备事故分析追查制度，应明确事故的类别和不同类别事故的处理权限，相应事故由相应部门负责组织事故分析追查。

设备事故的分析追查过程中，必须写出事故追查报告，报告中应说明事故的时间、地点、事故原因、造成的损失，如果是责任事故，应明确相关人员应承担的主要责任、次要责任或一般责任，并根据责任的大小确定应承担的处罚，最后需提出防止类似事故重复发生的防范措施。

⑧ 干部上岗、查岗制度　无论多么完善的制度，最终还是要落实到执行上，如果不能落到实处，不能得到严格的执行，再好的制度也仅仅是一纸空文。而制度的执行需要有人监督检查，所以，作为领导干部，上岗、查岗就显得尤为重要。领导干部上岗、查岗不是要去检查设备的运行情况，判断设备是否有异常，而是检查各项规章制度执行的情况，发现并制止违章操作的现象。

在制定干部上岗、查岗制度时，应明确各级领导和技术管理人员查岗次数、检查内容。

5. 操作人员的基本要求

我国大多数企业设备管理的特点之一，就是采用“专群结合”的设备使用维护管理制度。这个制度首先是要抓好设备操作基本功培训，基本功培训的重要内容之一就是培养操作人员具有“三好”、“四会”和遵守“五项纪律”的基本素质。

(1)“三好”要求

① 管好设备。操作人员应负责管理好自己使用的设备，未经领导同意，不允许其他人员随意操作设备。

② 用好设备。严格执行《操作规程》和维护规定，严禁超负荷使用设备，杜绝野蛮操作。

③ 修好设备。操作人员要配合维修人员修理设备，及时排除设备故障，及时阻止设备“带病”运行。

(2)“四会”要求

① 会使用。操作人员首先应学习设备的操作维护规程，熟悉设备性能、结构、工作原理，能够正确使用设备。

② 会维护。学习和执行设备维护、润滑规定，上班加油，下班清扫，保持设备的内外清洁和完好。

③ 会检查。了解所用设备的结构、性能及易损零件的部位，熟悉日常检查，掌握检查项目、标准和方法，并能按规定要求进行日常检查。

④ 会排除故障。熟悉所用设备的特点，懂得拆装的注意事项及鉴别设备正常与异常现象，会做一般的调整和简单故障的排除，要能够准确描述故障现象和操作过程中发现的异常现象。自己不能解决的问题要及时汇报，并协助维修人员尽快排除故障。

(3)“五项纪律”要求

① 实行定人定机、凭证操作，遵守操作规程。

② 保持设备整洁，按规定加油，保证合理润滑。

③ 遵守交接班制度，本班使用设备的情况应真实、准确记录在相应的记录表中，对重要情况应当面向接班人交代。

④ 发现异常情况立即停车检查，自己不能处理的问题，应及时通知有关人员到场检查处理。

⑤ 清点好工具、附件，不得遗失。

四、任务实施

1. 设备安装施工的实施

设备安装施工组织与管理是对安装施工工艺过程的组织与管理。主要包括设备安装前的准备、设备安装工艺的制定和管理、设备调试和试运转的组织及竣工验收等。下面按照设备安装施工的工作过程逐一进行说明。

(1) 安装前的准备工作　矿井大型设备和一般设备在安装施工前都要进行充分的准备，它是保证设备安装工程顺利实施的前提。主要包括技术准备、物资准备和场地准备三个方面。

① 技术准备　技术准备主要是指各种技术资料的准备和有关施工技术文件、管理文件的编制和贯彻工作。

技术资料主要包括各种图纸（如设备装配图、安装图、基础图、平面布置图、原理图、系统图及方框图等）、设备清册及出厂合格证、安装指南、国家与企业规定的质量标准、试验报告、使用说明书、基础与环境要求等。

编制的技术文件主要是设备安装工程施工组织设计，它是指导组织正常施工、选择施工方案、合理安排施工顺序、缩短工期、节约投资，保证施工安全和工程质量的重要技术文件。其具体内容包括主要工程概况；施工现场平面布置；施工顺序排队（横道图或网络图）和劳动组织安排（劳动组织图表）；施工技术工艺方法（也称施工技术组织措施）；安全措施；有关计划图纸（主要包括安装调试所用的材料、仪器、物资计划、有关备件计划与图纸、设备安装施工图等）。

上述技术准备工作一般是由施工技术人员、管理人员和有经验的工人共同完成。编制的有关技术管理文件须经有关上级审批后才能实施，并要组织有关人员进行培训，有关的材料计划交供应部门提前准备。

② 物资准备　安装施工开始前，由施工领队组织落实以下物资准备工作，并在施工开始

前1～2天运至施工现场。主要包括施工前的物资检查与清点，设备、部件、随机辅件及有关材料准备，装配用具、材料和配件准备，吊装设备、安装调试工具等物资的准备。

③ 施工现场准备 施工现场准备主要是指设备安装基础的检查与处理、施工所需的动力、电力、风水管线的敷设、安装吊装空间的检查与处理、井下运输通道的检查与处理等工作。

(2) 施工管理 设备安装施工管理是对安装施工过程各环节、各工序及作业实施的管理活动。主要内容有施工技术管理、施工组织管理、施工物资管理及施工安全管理等。

① 施工技术管理 施工技术管理主要是按照施工工艺安排顺序和各项技术质量要求组织施工。一般设备安装工艺包括基础的检查与处理，设备吊装定位，设备安装找平、找正、基础二次灌浆，隐蔽工程检查与记录等几个本环节。隐蔽工程是指工程完工后不便检查或根本无法检查的工程。要求必须在工程隐蔽前，组织有关人员检查与验收，并做出详细的记录。

② 施工组织管理 设备安装工程特别是井下设备安装工程涉及的环节及部门多、影响因素多，因此，必须进行科学的组织，以保证各环节、部门的活动协调统一，最大限度地降低各种因素的影响。主要应做好以下几项工作：按照施工计划合理地组织安装施工与物资、水电供应；建立各部门的经济责任制度，明确各部门和岗位工人的分工与职责；采用科学的作业方式和劳动组织，合理安排和使用劳动力；按照施工进度图标控制和调整施工进度，以保证如期完成安装任务。

③ 施工物资管理 施工物资管理的主要目的是保证供应，降低消耗，防止浪费。主要工作有：建立合理的物资领用制度，完善领用手续，实行按计划发放，在保证供应的基础上，避免物资的积压、丢失及不合理损耗，对多余的物资要及时交回物资供应部门，实行物资消耗核算制度。

④ 施工安全管理 设备安装工程特别是井下的设备安装工程，施工的安全问题必须引起各级领导的足够重视。除必须严格执行《煤矿安全规程》要求外，对每一项设备安装工程都要制定具体的安全技术措施，并认真贯彻执行，及时发现和处理各种安全隐患，保证安全施工。

2. 设备的调试及试运转的实施

(1) 设备的调试 设备调试的基本要求是要使最基本的元件误差允许值或系统中最基本环节的误差允许值为最小，使累计误差在允许范围内。为做好设备调试工作，必须进行严格的组织与管理，编制设备调试计划或程序。具体内容包括：确定调试的目的与要求；收集有关数据，根据调试的要求确定经济合理的调整误差；确定必要的调整项目，列出明细，根据调整项目确定调试方法和程序；安排调试时间、人员、仪器和经费；调试与试验，使累计误差控制在允许范围内；整理数据，编写调试报告。

(2) 设备的试运转 为检查和鉴定设备安装的质量和性能，以及设备与系统、设备与设备、系统与系统的相互联系和综合能力，在设备与系统调试合格后，要进行试运转与试生产。在设备试运转前，首先要对电源、通信、水源、风源、气源等进行检查，核对无误后，先进行单机试运转，其主要目的是要检验设备的安装质量和性能。在此基础上，再依次进行组机试运转、分系统试运转、联合试运转，其目的是为了检验系统的综合能力及配合情况；最后进行加负荷试运转，以检验整个系统是否能达到生产的要求。

3. 设备交接验收的实施

为了对设备实行全过程管理，设备安装过程的有关资料和记录是不可缺少的部分。为了建立设备履历和技术档案，在工程验收时需提交下列资料。

① 设备出厂说明书、合格证、装箱单。

② 设备清单，包括未安装的设备和已订未到的设备。

③ 装配图、随机备件图、设计施工图、安装竣工图、基础图、系统图、隐蔽工程实测图等有关图纸。

④ 调试记录、调试报告和隐蔽工程记录。

⑤ 施工预算和决算。

4. 操作规程的编制与贯彻实施

(1) 设备《操作规程》的编制　编制《操作规程》是一名技术人员的重要工作内容。《操作规程》是培训操作人员、规范设备的操作并保证设备正常运行的文件，如果《操作规程》不正确，操作人员按照错误的《操作规程》操作，就会发生设备事故或缩短设备的使用寿命。因此，技术人员在编制《操作规程》时，必须充分了解设备的性能，掌握设备正确的操作方法，再根据现场的实际情况，制定必要的措施，才能编制出完善、合理的操作规程。前面已经说过操作规程应包含的内容，为了便于了解与掌握操作规程的编制，下面以《GKT-2x2 型双滚筒提升绞车的操作规程》为例进行说明。

GKT-2x2 型双滚筒提升绞车的操作规程

1. 开车前的检查

(1) 检查螺钉、销子和各连接部位是否有松动、损坏、偏斜。

(2) 检查液压站和减速机的油量是否充足，做好防尘准备。

(3) 检查盘式制动闸是否灵敏可靠，间隙不得大于 2mm。

(4) 检查深度指示器传动装置的链条、齿轮、杆件等是否灵活可靠。

(5) 检查安全保护装置、电器联锁、过卷保护、松绳保护等是否正常。

(6) 启动油泵检查液压制动系统，液压管路不得漏油，残压不大于 0.5MPa，最大工作压力不大于 5.5MPa。

(7) 检查开关、导线、电阻、电机等电器设备不得有水迹、杂物等。

(8) 检查钢绳在一个捻距内，如果断丝数超过钢丝总数的 10%、直径缩小达 10%，或锈蚀严重，点蚀麻坑形成沟纹，中外层钢丝松动时，必须更换钢绳。

2. 启动操作顺序

(1) 合上磁力站的电源刀闸（操作台上电压表应指示正常电压）。

(2) 合上空气断路器，接通主回路电源。

(3) 打开操作台上电磁锁，接通控制电源（此时操作零位指示灯亮）。按油泵启动按钮，启动液压站（此时油泵工作指示灯亮，油压表指示出正常的油压值），等待运行信号。

(4) 当运行信号到来，按照信号对应的规定操作提升机上升或下放直到停车。信号规定：一停、二上、三下、四慢上、五慢下，一声长铃为紧急停车。起车时操纵制动手把缓慢前推，松开盘形闸，同时操纵调速手把逐渐前推（下放时）或后拉（上提时），以便绞车逐渐加速。

(5) 在绞车加速过程中，必须密切注意挡车门的开闭情况，即观察挡车门指示灯的工作状况，同时密切关注深度指示器指针所指示的矿车运行位置，待矿车经过挡车门后方可进入全速运行。

(6) 当听到停车信号后，将操作手把逐渐拉回或推向中间位置，同时逐渐拉回制动手把到起始位置，直至准确停车。

3. 提升机在运行中出现下列情况之一时，必须立即停车：

(1) 接到紧急停车信号；

(2) 判明矿车下道；

(3) 在绞车运行过程中，发现挡车门指示灯指示异常；

(4) 钢绳缠绕紊乱或出现钢丝绳突然跳动；

(5) 机身减速箱、电机突然发生抖动或声音不正常；

(6) 电气设备出现烟、火，或闻到不正常的气味；

(7) 轴承或电机温度超过规定，超温保护装置发出报警声响。

4. 注意事项

(1) 信号不清楚一律作停车信号处理。

(2) 当全速运行发生事故紧急停车时，自事故地点到停车点的距离，上行不超过5m，下行不超过10m。

(3) 当矿车到达终点，没有听到信号也必须立即停车。

(4) 全速运行时，非紧急事故状态，不得使用制动手把或脚踏开关来紧急停车。

(5) 除停车场外，中途停车在任何情况下均不准松闸。

(6) 为保证安全运行，本提升机一次提升的负荷作如下规定：

① 矸石、煤炭每次提3个矿车；

② 材料、设备，无论上提或下放，每次均不得超过3个矸石矿车的重量；

③ 如果超过规定，信号工有权不发开车信号，司机有权拒绝开动绞车。

(7) 在绞车运行中，副司机要经常巡视设备的运行情况，并对主司机的操作进行监护。

(8) 每次更换钢绳、钢绳调头、鳌头作扣后，司机和维护钳工应共同对过卷开关位置、深度指示器标志进行校验。

5. 终止运行后的工作

(1) 本班停止作业后，必须切断电源，随身带走电磁锁的钥匙。

(2) 做好设备及室内外的清洁卫生，做到设备无油垢，室内无杂物，环境整洁、干净。

(3) 填写好各种记录。

从以上实例可以看出，一个完整的《操作规程》应该有开车前的检查、操作步骤或操作顺序、意外情况的处理、操作中应重点注意的事项和运行终止后的善后工作等内容。无论是大型设备还是简单设备的操作规程，其编制的宗旨都要求简单明了、重点突出、叙述清楚准确、具有可操作性。

(2)《操作规程》的贯彻　《操作规程》编制好后，作为技术人员的一项重要工作仅完成了其中的三分之一，要让规程得到正确执行，还需要进行认真贯彻和严格检查。规程的贯彻不仅仅是对规程的学习，而应组织设备的操作人员和相关的管理人员将规程中的各项规定、各个操作步骤进行针对性的详细讲解，特别是要让操作人员清楚严格执行《操作规程》的必要性和不按《操作规程》操作可能产生的严重后果。《操作规程》的学习可以采用理论教学和现场教学相结合的方式。

(3)《操作规程》的检查　在生产过程中，并不是每一个操作人员都能严格执行《操作规程》，也不是每一个《操作规程》都完美无缺，生产条件或环境的变化，都有可能导致原来的规程不再适用。因此，管理人员必须经常到现场检查情况，发现违章操作现象时要立即制止，在检查的同时，也可以发现《操作规程》存在的问题，以便及时修改和完善。

5. 开展技术培训

随着科学技术的进步和企业自身的发展，煤矿使用的机电设备在不断更新，加之企业职工的流动现象加剧和新老职工的更替，为了满足生产的需要，保证设备的正常、安全运行，必须不断加强对设备维护人员、操作人员的技术培训。

技术培训的方法很多，各企业可根据自身状况进行选择。对于大中型的煤矿企业，通常采用以下几种方式：一是企业自行培训，由企业的技术人员负责，这种培训方式的好处是技术员对企业人员的情况了解，培训时具有针对性、培训目的明确、组织培训方便灵活、培训费用低；二是委托培训，即由企业委托某些学校、培训机构来完成，这种方式具有较强的系统性、了解的信息多，较适用于基础培训；三是由设备生产厂家的技术人员培训，这种培训仅针对某种设备开展，具有一定的局限性；四是相同或类似企业相互间的技术交流和学习，可以借鉴对方的一些好的技术管理方法；五是企业内部开展技术岗位练兵、技能考核，这也是促进人员提高设备维护使用技能的有效方法。

6. 合理使用设备

合理使用设备包含两方面内容：一是指按照设备规定的性能、指标使用设备，如变压器、电动机不能长期超负荷运行，绞车不能超负荷提升；二是指在有备用设备的情况下应合理均衡安排设备的运行时间，不能长期连续运行某一台设备，应给设备留出足够的维护保养时间。如矿井的主通风机、瓦斯抽放泵等，一般是一用一备或一用两备。

7. 设备完好管理和考核

完好设备是指设备的零部件齐全，功能正常，性能符合国家或制造厂家规定的相关标准。煤炭生产企业中，设备的完好管理和考核依据，主要按照《煤矿安全规程》、《煤矿矿井机电设备完好标准》和《煤矿安全质量标准考核评级办法》等文件的相关规定。认真贯彻和严格执行这些标准和办法是保证煤矿设备完好及设备安全运行的有力措施。

（1）设备完好标准　《煤矿矿井机电设备完好标准》详细而明确地给出了各种设备的完好标准，成为检查、考核矿井机电设备管理水平的重要依据。该标准根据煤矿生产中设备使用的性质将设备分为四大类，即固定设备、运输设备、采掘设备和电气设备，每一大类均按照该类设备的共性给出了通用部分的完好标准；在每一大类中又将具有相同或相似功能的设备划分为很多小类，然后根据各类设备的特性，给出了相关的完好标准。下面以矿用电机车的完好标准为例给予说明。

矿用电机车完好标准

1. 完好标准确定的原则

（1）零部件齐全完整。

（2）性能良好，出力达到规定。

（3）安全防护装置齐全可靠。

（4）设备整洁。

（5）与设备完好有直接关系的记录和技术资料齐全准确。

2. 窄轨电机车轮对的完好标准

(1) 轮箍（车轮）踏面磨损余厚不小于原厚度的50%，踏面凹槽深度不超过5mm。

(2) 轮缘高度不超过30mm，轮缘厚度磨损不超过原厚度的30%（用样板测量）。

(3) 同一轴两车轮直径差不超过2mm，前后轮对直径差不超过4mm。

(4) 车轴不得有裂纹，划痕深度不超过2.5mm，轴径磨损量不超过原直径的5%。

3. 窄轨电机车制动装置的完好标准

(1) 机械、电气制动装置齐全可靠。

(2) 制动手轮转动灵活，螺杆、螺母配合不松旷。

(3) 各连接销轴不松旷、不缺油。

(4) 闸瓦磨损余厚不小于10mm，同一侧制动杆两闸瓦厚度差不大于10mm；在完全松闸状态下，闸瓦与车轮踏面间隙为3～5mm；紧闸时，接触面积不小于60%；调整间隙装置灵活可靠；制动梁两端高低差不大于5mm。

(5) 抱闸式制动装置，闸带磨损余厚不小于3mm，闸带与闸轮的间隙为2～3mm，闸带无断裂，铜铆钉牢固，弹簧不失效。

(6) 撒沙装置灵活可靠，沙管畅通，管口对准轨面中心，沙子干燥充足。

(7) 制动距离应符合《煤矿安全规程》的规定。

4. 窄轨电机车控制器的完好标准

(1) 换向和操作手把灵活，位置准确，闭锁装置可靠。

(2) 消弧罩完整齐全，不松脱。

(3) 触头、接触片、连接线应紧固，触头接触面积不小于60%，接触压力为15～30N。

(4) 触头烧损修整后余量不小于原厚度的50%，连接线断丝不超过25%。

5. 窄轨电机车电阻器的完好标准

(1) 电阻器接线牢固无松动。

(2) 电阻元件无变形及裂纹。

(3) 绝缘管（板）无严重断裂，绝缘电阻不低于0.5MΩ。

6. 窄轨电机车集电器、自动开关、插销连接器的完好标准

(1) 集电器弹力合适，起落灵活，接触滑板无严重凹槽。

(2) 电源引线截面符合规定，护套无破裂、无老化，线端采用接线端子（或卡爪）并与接线螺栓连接牢固。

(3) 自动开关零部件齐全完整，电流脱扣器要与电动机容量相匹配，整定值符合要求，动作灵敏可靠。

(4) 插销连接器零件齐全，插接良好，闭锁可靠，无严重烧痕。隔爆型插销的隔爆面、接线符合规定。

(2) 机电安全质量标准化标准　机电安全质量标准化标准即国家煤炭生产主管部门制定的《煤矿安全质量标准考核评级办法》，各煤炭生产企业可结合本企业的实际情况进行必要的补充。该标准是指导企业搞好机电管理工作的重要文件，分为两大部分，即安全质量标准化检查项目和对应的考核评分办法。检查项目分为三部分，即设备指标、机电安全和机电管理与文明生产；考核评分以百分制计，设备指标占30分。在设备指标大项中，与设备完好相关的检查项目及要求有：全矿机电设备综合完好率达90%，大型固定设备台台完好，防爆电气设备及小型电气防爆率100%等指标。

五、任务讨论

(一)任务描述

1. 根据任务条件编制安装工程计划、试计算工程施工费用并简单对设备安装施工管理内容进行描述。

2. 建议学时:4 学时。

(二)任务要求

1. 能正确地编制设备安装工程计划。

2. 能初步对设备施工费用进行预算并列出其组成。

3. 能对设备安装施工过程的各环节、各工序及作业实施管理。

(三)任务实施过程建议

工作过程	学生行动内容	教学组织及教学方法	建议学时
资讯	1. 阅读分析任务书; 2. 收集相关资料	1. 发放工作任务书,布置任务,学生分组; 2. 用典型案例分析引导学生正确分析任务书的内容、收集资料	0.5
决策	1. 根据资料制定安装工程计划; 2. 分组讨论并选择最佳方案	1. 指导学生进行计划的选择; 2. 听取学生的决策意见,纠正不可行的决策方法,引导其最终得到最佳方案	
计划	1. 确定设备安装工程计划; 2. 拟定设备施工费用的组成; 3. 讨论并初步进行预算	1. 审定学生编写的安装工程计划内容; 2. 组织学生互相评审; 3. 引导学生进行施工费用的初步预算	0.5
实施	1. 分析安装施工的内容; 2. 从技术、组织、物资等几方面综合考虑管理的可实施性; 3. 分析在过程中可能出现的问题并提出合理解决方案	1. 设计可能出现的问题,引导学生给出解决方案; 2. 对安装施工的管理内容进行审定	1.5
检查	1. 检查施工计划、施工费用预算的内容; 2. 对可能出现的相关问题进一步排查	1. 组织学生进行组内互查及组组互查; 2. 与学生共同讨论检查结果	1
评价	1. 进行自评和组内评价; 2. 提交成果	1. 组织学生进行自评及组内评价; 2. 对小组及个人进行评价; 3. 给出本任务的成绩并对任务完成情况进行总结	0.5

(四)任务考核

考核内容	考核标准	实际得分
任务完成过程	70	
任务完成结果	30	
最终成绩	100	

习题与思考

1. 编制设备安装工程计划的依据是什么?计划的内容有哪些?

2. 设备安装施工管理的主要内容是什么?

3. 设备安装工程预算由哪几部分组成?

4. 什么是“三好”、“四会”、“五项纪律”?

5. 编制设备操作规程主要有哪些内容?编写时应注意哪些方面?

子任务二　煤矿机电设备的润滑与维护管理

学习目标及要求

- 了解设备润滑管理的基本任务
- 掌握设备润滑的“五定”和“三级过滤”
- 熟悉设备维护保养的“三级四检”制度
- 熟悉设备维护保养的主要工作

一、知识链接

在机械设备进行能量传递的过程中，具有相对运动的物体间存在着摩擦，摩擦将影响和干扰系统的运动和动力特性，使系统部分能量转换为热量和噪声，严重时将减小设备出力，降低设备效能直至损坏设备，造成设备事故。因而必须对运动的物体表面进行润滑，以降低摩擦因数，减缓磨损，降低动力消耗，保证设备正常运行，延长设备使用寿命。

1. 摩擦与润滑

当物体与另一物体沿接触面的切线方向运动或有相对运动的趋势时，在两物体的接触面之间有阻碍它们相对运动的作用力，这种力称为摩擦力。接触面之间的这种现象或特性称为“摩擦”。在相互接触、相对运动的两个物体摩擦表面间，加入润滑剂，将摩擦表面分开的方法称为润滑。

2. 摩擦的分类

根据接触表面润滑的程度，摩擦分为干摩擦、半干摩擦和液体摩擦三种类型。

(1) 干摩擦　在两个滑动摩擦表面之间不加润滑剂，使两表面直接接触，这时的摩擦称为干摩擦。也是最严重的一种摩擦。

(2) 半干摩擦　在两个滑动摩擦表面之间有润滑剂但润滑剂不足，或润滑油黏度过小形成的摩擦称为半干摩擦。半干摩擦常发生在设备开始启动、机器在做往复运动或摆动、机器负荷剧烈变化时等情况下。

(3) 液体摩擦　在滑动物体表面充满润滑剂，两个表面不直接接触，这时表面不发生摩擦，而是在润滑剂的内部产生摩擦，称为液体摩擦。

3. 润滑的分类与作用

(1) 润滑的作用机理　当加入润滑剂后，润滑剂能够牢固地吸附在机器零件的表面，形成一定厚度的润滑膜（油膜），该润滑膜将两个相对运动的物体表面隔开，使两个表面的摩擦转变为润滑剂本身的内摩擦。

(2) 润滑的分类　根据润滑膜在物体表面的润滑状态分为无润滑、液体润滑、边界润滑和混合润滑。根据摩擦物体面间产生压力膜的条件分为液体或气体动力润滑和液体或气体静压润滑。根据润滑剂的物质形态分为气体润滑、液体润滑、固体润滑和半流体润滑。

(3) 润滑剂的作用

① 润滑作用。改善摩擦状况，减少摩擦，阻止磨损，降低动力消耗。

② 冷却作用。在摩擦时产生的热量，大部分可以被润滑油带走，能起到散热降温的

作用。

③ 冲洗作用。接触物体表面磨损下来的金属屑可被润滑油带走，防止金属屑在接触表面破坏润滑油膜而形成磨粒磨损。

④ 密封作用。润滑油和润滑脂能够隔离空气中的水分、氧气和有害介质的侵蚀，从而起到对摩擦表面密封的作用，防止产生腐蚀磨损。

⑤ 减振作用。摩擦件在油膜上运动，好像浮在“油枕”上一样，对设备的振动有很好的缓冲作用。

⑥ 卸荷作用。由于摩擦面间的油膜存在，作用在摩擦面上的负荷就能比较均匀地通过油膜分布在摩擦表面上，起到分散负荷的作用。

⑦ 保护作用。可以防止摩擦面因受热产生氧化和腐蚀性物质对摩擦面的损害，起到防腐防尘的作用。

二、任务准备

1. 设备润滑管理的基本任务

做好润滑工作是全员设备管理的重要一环，润滑管理的组织机构是否健全，是润滑管理工作能否顺利进行的关键。润滑管理工作的基本任务如下。

① 确定润滑管理组织，拟定润滑管理的规章制度、岗位职责和工作条例。

② 贯彻设备润滑工作的“五定”管理。

③ 编制设备润滑技术档案，指导设备操作工、维修工正确进行设备的润滑。

④ 组织好各种润滑材料的供、储、用，抓好润滑油脂的计划、质量检验、油品代用、节约用油和油品回收等环节，实行定额用油。

⑤ 编制设备年、季、月的清洗换油计划和适合煤矿企业的设备清洗换油周期。

⑥ 检查设备的润滑情况，及时解决设备润滑系统存在的问题。

⑦ 采取措施防止设备渗漏，总结、积累治理漏油经验。

⑧ 组织润滑工作的技术培训，开展设备润滑的宣传工作。

⑨ 组织设备润滑有关新油脂、新添加剂、新密封材料、润滑新技术的实验与应用。学习、推广国内外先进的润滑管理经验。

2. 设备维护保养

设备维护保养工作是设备管理中的一个重要环节，是操作人员的主要工作内容之一。设备经过精心维护往往可以长时间保持良好的性能，但如果忽视维护保养，就可能在短期内损坏或者报废，甚至发生事故，尤其是矿井主通风机、主提升机等关键设备的安全正常运行，直接关系到企业的经济效益和生产安全。因此，要使设备长期保持良好的性能和功效，延长设备使用寿命，减少修理次数和费用，保证生产需要，就必须切实做好设备的维护保养工作。

设备维护保养的具体要求，可以用八个字来概括，即“整齐”、“清洁”、“润滑”、“安全”。

（1）整齐　要求工具、工件、材料、配件放置整齐；设备零部件及安全防护装置齐全；各种标牌完整、清晰；管道、线路安装整齐、规范，安全可靠。

（2）清洁　设备内外清洁，无黄袍、油垢、锈蚀、无铁屑物；无滑动面，齿轮无损伤；各部位不漏油、不漏水、不漏气、不漏电；设备周围地面经常保持清洁。特别是对于井下设备，由于环境潮湿、粉尘浓度大，更要注意保持设备的清洁，否则将导致设备故障率增高。

(3) 润滑　按时按质按量加油，不能为省事而一次加油量过多；保持油标醒目；油箱、油池和冷却箱应保持清洁，无铁屑杂物；油枪、油嘴齐全，油毡、油线清洁；液压泵工作压力正常，油路畅通，各部位轴承润滑良好。

(4) 安全　尽可能实行定人定机的设备包机制度和手上交接班制度，掌握“三好四会”的基本功，遵守规程和“五项纪律”，合理使用，精心维护，注意异常，不出人身和设备事故，确保安全使用设备。

三、任务分析

1. 润滑工作中的“五定”

设备润滑的“五定”，是指定点、定质、定量、定人、定时，具体内容如下。

(1) 定点　按规定的润滑部位注油。在机械设备中均有规定的润滑部位和润滑装置，操作人员对设备的润滑部位要清楚，并按规定的部位注油，不得遗漏。

(2) 定质　按规定的润滑剂品种和牌号注油，要求注油工具要清洁，不同牌号的油品要分别存放，严禁混杂。

(3) 定量　按规定的油量注油。各种润滑部位和润滑方式的注油量都有相应的规定，并非油量越多越好，油量加注过多也会影响设备的正常运行，因此必须按照有关规定定量注油。

(4) 定人　设备上各润滑部位，无论是由操作人员还是维护人员负责，都应明确分工，各负其责；否则易出现漏注。

(5) 定时　根据设备各润滑部位的润滑要求和润滑方式，对设备定时加油、定期添油、定期换油。

2. 润滑油的“三级过滤”

企业购置的润滑油在使用到设备的过程中，一般要经过从油桶到油箱、油箱到油壶、油壶到设备储油部位的容器倒换，在这些倒换过程中，都有可能掺入尘屑等杂质。为了防止杂质随油进入设备，就要求在这三次倒换过程中每一次都进行过滤，以保证设备最终能得到清洁干净的润滑油，因此称为“三级过滤”。

三级过滤所用滤网应符合表 2-3 的规定。

表 2-3　三级过滤滤网规定

润滑油	一级过滤	二级过滤	三级过滤
透平油、压缩机油、车用机油	60 目	80 目	100 目
汽缸油、齿轮油	40 目	60 目	80 目

设备润滑的“五定”是润滑管理工作的重要内容；润滑油的“三级过滤”是保证润滑油质量的可靠措施。搞好“五定”和“三级过滤”是搞好设备润滑的核心。

3. 设备维护保养制度

设备维护保养制度是设备管理中的一项重要工程，因企业和设备不同而异，没有通用的、一成不变的模式。无论是进行检查、日常维护还是定期维护，首先需制定相应的维护保养制度，然后遵照制度执行。维护保养制度中必须明确维护内容及维护周期，指定维护人员或责任人，提出维护要求，并制定没有完成维护工作应承担的相应处罚条例。表 2-4 列出了维护保养工作中各类人员的任务和基本要求。

表 2-4 各类人员的基本任务和要求

人员	任务	基本要求
操作人员	1. 巡回检查、填写设备运行记录 2. 及时添加、更换润滑油脂 3. 负责设备、管路密封的调整工作 4. 负责设备、环境的清洁卫生 5. 协助维修人员对设备的检修	1. 严格执行操作规程和有关制度 2. 严格执行交接班制度 3. 发现设备运转异常，及时检查并汇报 4. 保持设备、环境整洁
维修人员	1. 定期上岗检查设备的运转情况 2. 负责完成设备的一般维修 3. 消除设备缺陷 4. 负责备用设备的防尘、防潮、防腐及定期试车	1. 主动向操作人员了解情况 2. 保证检修质量符合检修质量标准 3. 不能处理的问题要做好记录并及时汇报 4. 定期检查备用设备，保持设备完好
管理人员	1. 组织设备的定期检修 2. 组织设备缺陷的消除和提供改进设备的技术方案 3. 监督设备维修，组织设备修理后的检查验收	1. 统计分析设备事故率、完好率 2. 能及时提出和解决设备隐患的方案 3. 考察设备管理制度执行情况，并能用数据进行分析评价

4. 三级四检制

对煤矿企业而言，三级保养制中的“三级”是指矿、科、队三级对设备的检查。“四检”是指矿级分管领导组织的月检，机动部门组织的旬检，设备专业管理人员、技术人员和维修工一起的日检，岗位操作人员的点检。在“三级四检”制中，机动部门的专业管理人员每天到现场，对各机房、硐室的设备进行检查，并对各队管理人员和维修工的日检及设备保养情况进行检查和督导，引导员工遵规守纪、严格执行操作规程。设备管理人员和维护保养人员在巡检中，对运行中的设备进行“听、摸、查、看、闻”，通过“看其表、观其形、嗅其味、听其音、感其温”的方法，对重点部位进行检查，从而判断和分析设备存在的故障和隐患。

5. 润滑制度

表 2-5 列出了 KJ 型和 JK 型矿井提升机的润滑方式、润滑剂名称和润滑制度等，可根据具体情况参照执行。

表 2-5 KJ 型和 JK 型矿井提升机的润滑方式、润滑剂名称和润滑制度

润滑零部件名称	润滑方式	润滑剂名称	润滑制度	容量/kg	使用期限/d	备注
减速器和主轴承	压力润滑	70～90 号齿轮油	每年更换一次油	350	365	可用 100 号液压油、15 号车用机油代替
活卷筒支轮	油杯	钙基润滑油	每月加油一次	0.4	30	
涡轮	手抹	钙基润滑油	每月加油一次	0.5	20	
齿轮联轴器	灌注	120、90 号齿轮油	每半年更换一次	2	180	可用石墨高压润滑油脂代替
关节接头	油枪	钙基润滑脂	每周加油一次	0.2	7	有些可用稀油润滑
弹簧联轴器	油壶	75％钙基润滑脂和25％的液压油混合剂	每半年换油一次	1.5	180	
深度指示器传动装置与轴承	油池	46～100 号液压油	每半年换油一次	0.15	180	
深度指示器轴承	油枪	钙基润滑油	每周加油一次	0.015	7	
深度指示器传动装置伞齿轮对	手抹	钙基润滑油	每周加油一次	0.1	7	
深度指示器箱内齿轮	油池	46～100 号液压油	每半年换油一次	10	180	

续表

润滑零部件名称	润滑方式	润滑剂名称	润滑制度	容量/kg	使用期限/d	备注
深度指示器正对齿轮	手抹	钙基润滑油	每3天加油一次	0.05	3	
制动闸轴承	油枪	钙基润滑油	每10天加油一次	0.02	10	
油压蓄压器	油箱循环	75%的15号液压油与25%的11号饱和汽缸油的混合剂	每半年换油一次	120	180	可用75%的变压器油和25%的液压油混合剂代用
深度指示器的丝杠和螺母	油抹	钙基润滑油	每3天加油一次	0.025	3	
液压站	油箱循环	HU-20透明油或YB-N32抗磨液压油	每半年换油一次	450	180	

四、任务实施

1. 设备润滑的耗油定额

认真制定合理的设备润滑耗油定额，并严格按照定额供油，是搞好设备润滑和节约用油的具体措施之一。

(1) 耗油定额的制定方法

① 耗油定额的确定，基本上采用理论计算与实际标定相结合的办法。

② 按照国家标准和产品出厂说明书的要求，制定耗油定额。如压缩机可按JB 770—1965选定耗油定额。

③ 对于实际耗油量远远大于理论耗油量的设备，可根据实际情况暂定耗油定额，并积极改进设备结构，根治漏损后再调整定额。

(2) 几种典型设备耗油定额的确定

① 滚动轴承　滚动轴承润滑油消耗量，可根据以下公式计算：

$$Q=0.075DL$$

式中　Q——轴承耗油量，g/h；

D——轴承内径，cm；

L——轴承宽度，cm。

填充润滑脂的注意事项：滚动轴承润滑油脂的充填量，按其结构和工作条件决定，但不得多于轴承壳体空隙（体积）的1/3～1/2。加油量过多，则会使轴承温度升高，增加能量消耗；轴承的转速越高，充装量越少；在易污染的环境中，对低速或中速轴承，要把轴承和盖里的全部空间填满。

② 压缩机　压缩机的润滑部位主要是气缸和填料涵。按照活塞在液压缸内运动的接触面积及活塞杆与填料接触面积来计算，并随压力的增加而上升。气缸耗油量的计算公式为：

$$g_1=1.2\pi D(S+L_1)nK$$

式中　g_1——气缸耗油量，g/h；

D——气缸直径，m；

S——活塞行程，m；

L_1——活塞长度，m；

n——压缩机转速，r/min；

K——每100m^{2}摩擦面积的耗油量，可由图2-2查得。

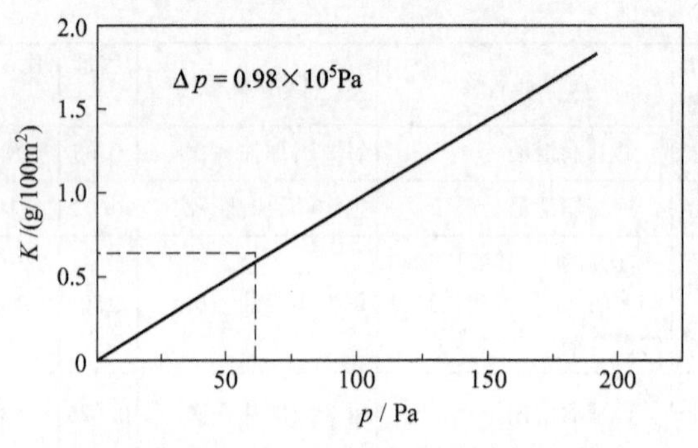

图 2-2　单位面积耗油量

高压段填料处的耗油量计算公式为：

$$g_2 = 3\pi d(S + L_2)nK$$

式中　g_2——填料处耗油量，g/h；

d——活塞杆直径，m；

L_2——填料的轴向总长度，m。

一台压缩机总耗油量为各液压缸、填料耗油量之和。新压缩机开始使用时，耗油要加倍供给，500h 后再逐渐减少到正常值。

2. 设备维护保养的主要工作

设备的维护保养工作，主要从检查、维护和保养入手。

(1) 检查工作　设备的检查是做好维护保养工作的关键。通过检查，可以及时发现设备存在的隐患并及时处理，将设备故障阻止在初发时期，防止设备损坏态势的进一步恶化，从而有效防止设备事故的发生。煤矿机电设备种类繁多，需要检查和随时关注的部位和参数也很多，可以将其分为机械设备和电气设备两类，主要检查内容如下。

① 机械设备　对于机械设备，主要检查的内容为：

检查轴承及相关部位的温度、润滑和振动情况；

听设备运行的声音，有无异常撞击或摩擦的声音；

看温度、压力、流量、液面等控制计量仪表及自动调节装置的工作情况；

检查传动皮带、钢丝绳是否坚固，断丝是否超过标准，绳卡是否牢固；

检查冷却水量、水温是否正常；

检查安全装置、防护装置、事故报警装置是否正常完好；

检查设备安装基础、地脚螺栓及其他连接螺栓有无松动或因连接松动产生振动；

检查各密封部位是否有渗漏、泄漏。

② 电气设备　对于电气设备，主要检查的内容为：

检查设备的电流、电压、温度、绝缘等参数是否正常；

检查是否有异常声响或异常振动；

检查油浸变压器、断路器的油位是否正常或变质，吸潮剂是否变色；

检查各种接线是否坚固、可靠；

检查各种电气保护功能是否正常；

检查各种安全防护设施是否齐全；

检查是否有放电现象。

(2) 维护保养工作 依据进行维护保养的时间划分，维护保养工作一般分为日常维护和定期维护。

① 日常维护主要是指设备在日常运转过程中每个班对设备进行的维护，由操作人员完成。要求在当班期间做到：班前对设备的各部位进行检查，按规定加油润滑；班中要严格按照操作规程使用设备，时刻注意设备的运行情况，发现异常要及时处理。日常维护主要针对有人值守、长期运行的设备，如通风机、空气压缩机等。

② 定期维护是由设备主管部门以计划形式下达的任务，主要由专业维修人承担，维护周期需要根据设备的使用情况和设备的新旧程度而定。一般为 1～2 个月或实际运行达到一定的时数。煤矿生产由于区域广、设备多，许多设备可能较长时间不运行，也无人值守，因此一般采用定期维护的方法。

定期维护的内容包括保养部位和关键部分的拆卸检查，对油路和润滑系统的清洗和疏通，调整各转动部位的间隙，紧固各紧固件和电气设备的接线等。

五、任务讨论

(一)任务描述

1. 按照给定设备进行润滑与维护保养的管理工作。

2. 建议学时:3 学时。

(二)任务要求

1. 能正确地对设备润滑管理工作提出相关要求。

2. 能列出设备维护保养管理的主要工作。

(三)任务实施过程建议

<table>
<tr><th>工作过程</th><th>学生行动内容</th><th>教学组织及教学方法</th><th>建议学时</th></tr>
<tr><td>资讯</td><td>1. 阅读分析任务书；
2. 收集相关资料</td><td>1. 发放工作任务书,布置任务,学生分组；
2. 用典型案例分析引导学生正确分析任务书的内容、收集资料</td><td rowspan="2">0.5</td></tr>
<tr><td>决策</td><td>1. 根据资料分析设备润滑管理的相关规定；
2. 分组讨论并试设计最佳管理办法</td><td>1. 指导学生进行相关规定的学习；
2. 听取学生的决策意见,纠正不可行的决策方法,引导其最终得到最佳方案</td></tr>
<tr><td>计划</td><td>1. 初步确定设备润滑管理的工作内容；
2. 分析设备维护保养工作的内容</td><td>1. 审定学生编写的润滑工作内容；
2. 组织学生互相评审；
3. 引导学生进行设备维护保养工作内容的分析</td><td>0.5</td></tr>
<tr><td>实施</td><td>1. 确定设备润滑管理方案；
2. 确定设备维护保养管理工作的主要内容；
3. 分析在过程中可能出现的问题并提出合理解决方案</td><td>1. 设计可能出现的问题,引导学生给出解决方案；
2. 对润滑及维护保养管理工作的内容进行审定</td><td>1</td></tr>
<tr><td>检查</td><td>1. 检查确定的润滑及维护保养管理的内容；
2. 对可能出现的相关问题进一步排查</td><td>1. 组织学生进行组内互查及组组互查；
2. 与学生共同讨论检查结果</td><td>0.5</td></tr>
<tr><td>评价</td><td>1. 进行自评和组内评价；
2. 提交成果</td><td>1. 组织学生进行自评及组内评价；
2. 对小组及个人进行评价；
3. 给出本任务的成绩并对任务完成情况进行总结</td><td>0.5</td></tr>
</table>

续表

(四)任务考核		
考核内容	考核标准	实际得分
任务完成过程	70	
任务完成结果	30	
最终成绩	100	

习题与思考

1. 设备维护保养的基本要求是什么？
2. “三级四检”包括哪些内容？
3. 润滑工作中的“五定”和“三级过滤”工作包括哪些内容？
4. 设备维护保养的主要工作有哪些？

任务三　煤矿机电设备的安全运行和事故管理

子任务一　煤矿机电设备的安全运行管理

学习目标及要求

- 掌握煤矿固定设备的安全运行管理
- 掌握煤矿运输设备的安全运行管理
- 掌握矿井采掘设备的安全运行管理
- 掌握矿井支护设备的安全运行管理
- 掌握井下电气设备的安全运行管理

一、知识链接

在煤炭生产企业机电专业岗位的主要工作就是保证机电设备的安全、可靠运行。没有机电设备的正常运行，就谈不上生产。巷道的掘进需要掘进机，采煤需要采煤机，煤炭、矸石、材料、人员的运输需要运输设备等，可以说，煤炭生产从某种意义上说就是保证机电设备的安全、可靠运行。因此，煤矿企业中流行的一句话“抓住机电就是煤”，这也正也说明了机电设备在煤炭生产企业中的重要性。

由于煤矿企业生产条件恶劣，灰尘、淋水、潮湿、顶板垮落、通风不良等众多不利因素都对设备的运行带来严重影响，加之生产区域广，设备种类多、数量大，给设备安全管理带来极大的困难。井下生产环境存在瓦斯、煤尘爆炸的危险，给机电设备特别是电气设备的安全运行管理提出了更高、更严的要求。由于煤炭生产的特殊性，其作业场所在不断变化，使得机电设备的安装地点、运行环境、使用数量和操作维护人员也跟着发生变化，同样给设备的安全运行管理造成困难。这也是煤矿设备管理不同于一般企业的设备管理的突出特点。

正是由于煤矿企业的设备存在这样一些特点，因此要求对煤矿机电设备的安全运行管理要做到比一般企业更严、更细。

二、任务准备

要保证设备安全可靠运行，首先必须建立起一套科学、完整、具有可操作性的管理制度和措施，然后去认真执行、督促检查、严格考核，才会取得良好的效果。保证设备安全运行的制度、措施很多，如针对所有设备管理制定的通用性制度措施、根据某一台设备或同一台设备在不同使用条件下制定的专项措施。

常用的安全管理制度措施主要有《煤矿安全规程》、设备操作规程、设备使用维护与保养制度、防爆设备入井管理制度、停送电制度、电气试验制度、电缆管理制度、压力容器管理制度、交接班制度等。其中，常用的规程、制度及措施如下。

1.《煤矿安全规程》

《煤矿安全规程》是管理煤炭生产企业的重要法规，是国家煤炭生产安全部门根据《煤炭法》、《矿山安全法》和《煤矿安全监察条例》制定的规程。规程中对各种设备的使用、维护和管理均做出了明确的规定和要求，各级各类人员必须严格遵照执行。

2. 防爆设备入井管理制度

《煤矿安全规程》规定，具有瓦斯、煤尘爆炸危险的矿井，必须使用防爆电气设备。为了将失爆的电气设备阻止在下井前，就需要采取必要的措施。防爆设备入井管理制度要求：无论是新购置还是修理后的防爆电气设备，入井前必须经专职防爆检查员检查，合格后方可入井；防爆检查员必须定期对井下防爆电气设备进行检查，一旦发现失爆设备，立即通知责任单位进行处理，并给予相应的经济处罚。

在制度中，必须明确规定防爆检查员的职权范围、工作内容、检查程序。同时也要规定对检查员的失职给予的相应处罚。

3. 停送电制度

停送电工作在煤炭安全生产中是一项极为重要的工作，稍不注意就会造成设备事故甚至人身伤亡事故，因此必须给予高度重视。

停送电制度规定：对设备或线路维护检修需要停电时，必须由施工负责人向机电主管部门提出申请，经同意后办理工作票，经确认可靠停电后方可进行施工。工作完成后由施工负责人将工作票签字后返回变电所（站），经值班人员确认后方可恢复送电。对于无人值守的配电设备，要求坚持“谁停电，谁送电”的原则，严禁不经申请随意停送电和预约停送电。

三、任务分析

预防性安全检查和试验是指在特殊时期，对矿井的某些重要设备和系统进行预防性检查和试验，以便发现并及时排除存在的问题和隐患，保证矿井的正常生产及人身和设备的安全。预防性检查主要是指在每年的雷雨季节到来之前进行的“防洪”、“防排水”及“防雷电”的“三防”检查，检查的内容很多，就设备而言，主要针对矿井的主要大型设备，如主通风机、主提升机、主排水泵等。预防性试验则主要针对供电系统。

1. 矿井主要固定设备的预防性安全检查和试验

矿井所用的设备中，主通风机、主提升机、主排水泵、空气压缩机等固定安装的设备，习惯上称为矿井的“四大件”，它们能否安全正常运行直接影响着矿井的生产安全和人员的生命安全。

（1）主通风机的预防性安全检查和试验　主通风机的主要作用是为井下提供新鲜风流，输送氧气。矿井的通风系统相当于人的呼吸系统，而主通风机则是人的肺，主通风机一旦停机，就会造成瓦斯集聚、供氧不足、井下温度升高而造成矿井停产，甚至发生瓦斯与煤尘爆炸事故。平时必须加强对主通风机的检查和维护保养。在雷雨季节到来之前，要对主通风机及其附属设备、供电系统进行安全性检查。检查的主要内容有：风机是否处于完好状态，电机绝缘是否符合要求；风门开、闭是否灵活可靠，启动控制装置是否正常；各种检测、报警装置是否完好、可靠；反风设施是否完善。如果有必要，需要对风机的主轴进行探伤检查。总之，无论是处于运行的风机还是备用风机及其附属设备，都必须处于完好状态。各种应急设施、材料应确保齐备，在运行风机出现故障时，备用风机必须能够在10min内启动。

（2）主提升机的预防性安全检查和试验　主提升机在矿井中主要承担矸石、材料、设备及人员的运输，如果主提升机因事故停运或损坏，将严重影响矿井生产。《煤矿安全规程》规定，新安装的矿井主要提升装置，必须经验收合格后方可投入使用。投入运行后的设备，必须每年进行1次检查，每3年进行1次测试，认定合格后方可继续使用。

主提升机的预防性检查和试验，包括机械部分和电气部分的预防性检查。机械部分检查试验的主要内容有：防止过卷装置、防止过速装置、深度指示器失效保护装置、闸间隙保护装置等各种保护装置；天轮的垂直和水平程度，有无轮缘变形和轮辐弯曲现象；机械传动装置，各种调整和自动记录装置以及深度指示器的动作状况和精密程度；检查常用闸和保险闸的各部间隙及连接、固定情况，并验算其制动力矩和防滑条件；测试保险闸空动时间和制动减速度；对于摩擦轮式提升机，要检验在制动过程中钢丝绳是否打滑；测试盘形闸的贴闸压力；井架的变形、损坏、锈蚀和震动情况；井筒罐道的垂直度及固定情况。电气部分主要检查电源系统、电机启动控制装置、调速装置、励磁装置及各种电气机械保护功能是否正常可靠。用手动方式模拟安全回路中过卷、松绳、闸瓦磨损等检测传感器的动作，用仪器调校各电气参数并给出动作信号，以验证安全回路的可靠性。调整并校正提升机加、减速过程的速度和时间设定。检查和测试结果必须写成报告书，针对发现的缺陷须提出改进措施，并限期解决。

(3) 主排水泵的预防性安全检查和试验　主排水泵承担排出矿井全部涌水的任务。《煤矿安全规程》规定，主排水泵房必须有工作、备用和检修的水泵。工作水泵的能力应能在20h内排出矿井24h的正常涌水量（包括充填水及其他用水）。备用水泵的能力应不小于工作水泵能力的70%。工作和备用水泵的总能力应能在20h内排出矿井24h的最大涌水量，检修水泵的能力应不小于工作水泵能力的25%。

主排水泵的预防性安全检查和试验内容有：水泵供配电系统、水泵、电机、管道、闸阀及各种配套设施的检查和试验。一般来说，每年在雨季到来之前，必须对排水设备、设施进行一次全面检查和检修，以保证排水系统处于完好状态；对水仓和吸水井进行清淘，同时进行一次联合排水演习，以检验矿井在异常涌水情况下系统的排水能力是否满足要求。排水演习通常采用双泵双管道排水方式，即两台水泵同时运行，由双管道同时排水，如果是多水平开采矿井，无论是独立管道排水还是接力排水，演习时应使几个水平的主排水泵按上述方式均投入运行，以检验水泵、管道的排水能力和供电系统的承载能力及可靠性，同时也检验相关人员遇到紧急情况时的应变能力。演习中应测试水泵、管道的小时排水量、水泵效率、电机出力等参数，如果测试结果不符合《煤矿安全规程》要求，应采取措施及时整改。

(4) 空气压缩机的预防性安全检查和试验　空气压缩机也称为压风机，其主要作用既为井下风动设备和工具提供动力，也为井下压风自救器提供新鲜风流。

空气压缩机的预防性安全检查和试验内容有：检查缸体和风包壳体是否有裂纹、锈蚀，校验各安全阀、释压阀动作值，压力表的指示是否准确；安全阀须送压力容器主管部门进行校检（每年不少于1次）；检查试验超温、超压、断水等保护功能是否正常可靠；清洗进风过滤器及冷却水通道。

空气压缩机的排气温度单缸不得超过190℃、双缸不得超过160℃。安全阀动作压力不得超过额定压力的1.1倍。释压阀的释放压力应为空气压缩机最高工作压力的1.25～1.4倍。

2. 电气设备的预防性安全检查和试验

供电系统的可靠运行是各种设备可靠运行的保证，而各种供配电设备的可靠运行对供电系统的可靠运行起着至关重要的作用。因此，除了定期对供配电设备进行检查外，还必须对电气设备和供电线路进行预防性试验，以便提前发现供电系统中存在的隐患，将事故消除在萌芽状态。预防性试验一般每年进行1次，主要内容包括对架空输电线路的检查、电缆线路的检查和耐压试验、电气设备的检查和各种继电保护定值的整定和校验、设备用绝缘油的化验等。《煤矿安全规程》第四百九十一条规定："电气设备使用的绝缘油的物理、化学性能检测和电气耐压试验，每年应进行1次，但对操作频繁的电气设备使用的绝缘油，应每6个月进行1次耐压试验。"

3. 严禁违章作业和违章指挥

"违章指挥"、"违章操作"、"违反劳动纪律"简称为"三违"，"三违"是煤矿生产中人为的不安全行为导致的各类事故发生的主要原因。违章指挥主要是由于指挥者不熟悉自己管辖内的各种作业规程，思想上不重视安全，不严格按规程办事，布置工作时无视法规和制度，强令下属冒险作业。《煤矿安全规程》规定：职工有权制止违章作业，拒绝违章指挥；当工作地点出现险情时，有权立即停止作业，撤到安全地点；当险情没有得到处理不能保证人身安全时，有权拒绝作业。

违章作业一般由以下几种思想行为引起：思想麻痹，存在侥幸心理；图省时、省力，怕麻烦；任务紧急而忽视安全；过于自信、骄傲自满；缺乏知识，未掌握正确的操作方法。

要杜绝违章操作，操作者就要在思想上重视安全，熟悉本人所操作设备的操作规程，严格按规程操作。

四、任务实施

煤矿机电设备的安全运行管理主要依据《煤矿安全规程》(以下简称《规程》)，下面主要介绍煤矿常用机械及电气设备的安全运行管理内容。

1. 煤矿固定设备的安全运行管理

(1) 矿井提升机的安全运行管理

① 提升容器的安全运行管理规定　《规程》第三百八十条规定：立井中升降人员，应使用罐笼或带乘人间的箕斗。在井筒内作业或因其他原因，需要使用普通箕斗或救急罐升降人员时，必须制定安全措施。凿井期间，立井中升降人员可采用吊桶，并遵守下列规定。

a. 应采用不旋转提升钢丝绳。

b. 吊桶必须沿钢丝绳罐道升降。在凿井初期，尚未装设罐道时，吊桶升降距离不得超过40m；凿井时吊盘下面不装罐道的部分也不得超过40m；井筒深度超过100m时，悬挂吊盘用的钢丝绳不得兼作罐道使用。

c. 吊桶上方必须装保护伞。

d. 吊桶边缘上不得坐人。

e. 装有物料的吊桶不得乘人。

f. 用自动翻转式吊桶升降人员时，必须有防止吊桶翻转的安全装置。严禁用底开式吊桶升降人员。

g. 吊桶升降到地面时，人员必须从井口平台进出吊桶，并只准在吊桶停稳和井盖门关闭以后进出吊桶。双吊桶提升时，井盖门不得同时打开。

《规程》第三百八十一条规定：专为升降人员和升降人员与物料的罐笼(包括有乘人间的箕斗)应符合下列要求。

a. 乘人层顶部应设置可以打开的铁盖或铁门，两侧装设扶手。

b. 罐底必须铺满钢板，如果需要设孔时，必须设置牢固可靠的门；两侧用钢板挡严，并不得有孔。

c. 进出口必须装设罐门或罐帘，高度不得小于1.2m。罐门或罐帘下部边缘至罐底的距离不得超过 250mm，罐帘横杆的间距不得大于 200mm。罐门不得向外开，门轴必须防脱。

d. 提升矿车的罐笼内必须装有阻车器。

e. 单层罐笼和多层罐笼的最上层净高（带弹簧的主拉杆除外）不得小于 1.9m，其他各层净高不得小于 1.8m。带弹簧的主拉杆必须设保护套筒。

f. 罐笼内每人占有的有效面积应不小于 $0.18m^2$。

罐笼每层内 1 次能容纳的人数应明确规定。超过规定人数时，把钩工必须制止。

《规程》第三百八十二条规定：提升装置的最大载重量和最大载重差，应在井口公布，严禁超载和超载重差运行。箕斗提升必须采用定重装载。

《规程》第三百八十三条规定：升降人员和物料的单绳提升罐笼、带乘人间的箕斗，必须装设可靠的防坠器。

《规程》第三百九十条规定：检修人员站在罐笼或箕斗顶上工作时，必须遵守下列规定。

a. 在罐笼或箕斗顶上，必须装设保险伞和栏杆。

b. 必须佩带保险带。

c. 提升容器的速度，一般为 0.3～0.5m/s，最大不得超过 2m/s。

d. 检修用信号必须安全可靠。

② 钢丝绳和连接装置的安全运行管理规定　《规程》第三百九十八条规定：使用和保管提升钢丝绳时，必须遵守下列规定。

a. 新绳到货后，应由检验单位进行验收试验。合格后应妥善保管备用，防止损坏或锈蚀。

b. 对每卷钢丝绳必须保存有包括出厂厂家合格证、验收证书等完整的原始资料。

c. 保管超过一年的钢丝绳，在悬挂前必须再进行一次试验，合格后方可使用。

d. 直径为 18mm 及其以下的专为提升物料用的钢丝绳（立井提升用绳除外），有厂家合格证书，外观检查无锈蚀和损伤，可以不进行相关检验。

《规程》第三百九十九条规定：提升钢丝绳的检验应使用符合条件的设备和方法进行，检验周期应符合下列要求。

a. 升降人员和物料用的钢丝绳，自悬挂时起每隔 6 个月检验一次；悬挂吊盘的钢丝绳每隔 12 个月检验一次。

b. 升降物料用的钢丝绳，自悬挂时起 12 个月时进行第一次检验，以后每隔 6 个月检验一次。

摩擦轮式绞车用的钢丝绳、平衡钢丝绳以及直径为 18mm 及其以下的专为升降物料用的钢丝绳（立井提升用绳除外），不受此限。

《规程》第四百零一条规定：提升装置使用中的钢丝绳做定期检验时，安全系数有下列情况之一的，必须更换。

a. 专为升降人员用的小于 7。

b. 升降人员和物料用的钢丝绳：升降人员时小于 7；升降物料时小于 6。

c. 专为升降物料用和悬挂吊盘用的小于 5。

《规程》第四百零二条规定：新钢丝绳悬挂前的检验（包括验收检验）和在用绳的定期检验，必须按下列规定执行。

a. 新绳悬挂前的检验必须对每根钢丝绳做拉断、弯曲和扭转 3 种试验，并以公称直径为准对试验结果进行计算和判定：不合格钢丝的断面积与钢丝总断面积之比达到 6%，不得用于升降人员；达到10%，不得用于升降物料；以合格钢丝拉断力总和为准算出的安全系数，如低于《规程》的规定时，该钢丝绳不得使用。

b. 在用绳的定期试验可只做每根钢丝的拉断和弯曲2种试验。试验结果，仍以公称直径为准进行计算和判定：不合格钢丝的断面积与钢丝总断面积之比达到25%时，该钢丝绳必须更换；以合格钢丝绳拉断力总和为准计算出的安全系数，如低于《规程》的规定时，该钢丝绳必须更换。

c. 新绳和在用绳的韧性指标必须符合表3-1的规定。

表3-1　不同钢丝绳的韧性指标

钢丝绳用途	钢丝绳种类	钢丝绳韧性指标下限		说明
		新绳	在用绳	
升降人员或升降人员和物料	光面绳	MT716中光面钢丝韧性指标	新绳韧性指标的90%	在用绳按MT717标准（面接触绳除外）
	镀锌绳	MT716中AB类镀锌钢丝韧性指标	新绳韧性指标的85%	
	面接触绳	GB/T 16269—1996中钢丝韧性指标	新绳韧性指标的90%	
升降物料	光面绳	MT716中光面钢丝韧性指标	新绳韧性指标的80%	
	镀锌绳	MT716中A类镀锌钢丝韧性指标	新绳韧性指标的80%	
	面接触绳	GB/T 16269—1996中钢丝韧性指标	新绳韧性指标的80%	
罐道绳	密封绳	特	普	按GB/T 352—2002标准

《规程》第四百零三条规定：摩擦轮式提升钢丝绳的使用期限应不超过2年，平衡钢丝绳的使用期限应不超4年。到期后如果钢丝绳的断丝、直径缩小和锈蚀程度不超过《规程》的规定，可继续使用，但不得超过1年。

井筒中悬挂水泵、抓岩机的钢丝绳，使用期限一般为1年；悬挂水管、风管、输料管、安全梯和电缆的钢丝绳，使用期限一般为2年。到期后经检查鉴定，锈蚀程度不超过《规程》的规定，可以继续使用。

《规程》第四百零四条规定：提升钢丝绳、罐道绳必须每天检查一次，平衡钢丝绳、防坠器制动绳（包括缓冲绳）、架空乘人装置钢丝绳、钢丝绳牵引带式输送机钢丝绳和井筒悬吊钢丝绳必须至少每周检查1次。对易损坏和断丝或锈蚀较多的一段应停车详细检查。断丝的突出部分应在检查时剪下。检查结果应记入钢丝绳检查记录簿。

《规程》第四百零五条规定：各种股捻钢丝绳在一个捻距内断丝断面积与钢丝总断面积之比，达到下列数值时，必须更换。

a. 升降人员或升降人员和物料用的钢丝绳为5%。

b. 专为升降物料用的钢丝绳、平衡钢丝绳、防坠器的制动钢丝绳（包括缓冲绳）和兼作运人的钢丝绳牵引带式输送机的钢丝绳为10%。

c. 罐道钢丝绳为15%。

d. 架空乘人装置、专为无极绳运输用的和专为运物料的钢丝绳牵引带式输送机用的钢丝绳为25%。

《规程》第四百零六条规定：以钢丝绳标称直径为准计算的直径减小量达到下列数值时，必须更换：

a. 提升钢丝绳或制动钢丝绳为10%。

b. 罐道钢丝绳为15%。

使用密封钢丝绳外层钢丝厚度磨损量达到50%时，必须更换。

《规程》第四百零七条规定：钢丝绳在运行中遭受卡罐、突然停车等猛烈拉力时，必须立即停车检查，发现下列情况之一者，必须将受力段剁掉或更换全绳。

a. 钢丝绳产生严重扭曲或变形。

b. 断丝超过《规程》的规定。

c. 直径减小量超过《规程》的规定。

d. 遭受猛烈拉力的一段，其长度伸长0.5%以上。

在钢丝绳使用期间，断丝数突然增加或伸长突然加快，必须立即更换。

《规程》第四百零八条规定：钢丝绳的钢丝有变黑、锈皮、点蚀麻坑等损伤时，不得用作升降人员。钢丝绳锈蚀严重，或点蚀麻坑形成沟纹，或外层钢丝松动时，不论断丝数多少或绳径是否变化，必须立即更换。

《规程》第四百零九条规定：使用有接头的钢丝绳时，必须遵守下列规定。

a. 有接头的钢丝绳，只准在平巷运输设备、30°以下倾斜井巷中专为升降物料的绞车、斜巷无极绳绞车、斜巷架空乘人装置和斜巷钢丝绳牵引带式输送机等设备中使用。

b. 在倾斜井巷中使用的钢丝绳，其插接长度不得小于钢丝绳的直径的1000倍。

(2) 矿井排水设备的安全运行管理　矿井排水设备要求主排水泵能够承担排出矿井全部涌水的任务。

《规程》第二百七十八条规定：主排水泵必须有工作、备用和检修的水泵。工作水泵的能力，应能在20h内排出矿井24h的正常涌水量（包括充填水及其他用水）。备用水泵的能力应不小于工作水泵能力的70%。工作和备用水泵的总能力，应能在20h内排出矿井24h的最大涌水量。检修水泵的能力应不小于工作水泵能力的25%。

为保证主排水泵的安全运行，必须做好以下工作。

① 泵在启动前，用手转动联轴器，泵的转动部分应该灵活均匀。每次启动泵都应重复进行此步骤，发现卡死现象应及时维修。

② 向泵内注满水或抽出泵内空气，并关闭泵出水口管路上的闸阀和压力表旋塞。要保证泵内充满水，无空气运转。

③ 点动电动机，检查泵的旋转方向是否正确。水泵的旋转方向：从电动机方向看，泵为顺时针方向旋转。

④ 启动泵后，打开压力表旋塞，并逐渐打开泵出水口管路上的闸阀，待压力表显示压力满足要求时即可。

⑤ 检查各部轴承温度是否超限：滑动轴承温度不得超过65℃，滚动轴承温度不得超过75℃；润滑轴承的润滑油脂每工作120h应更换一次，检查电动机温度是否超过铭牌规定值，检查轴承润滑情况是否良好（油量是否合适，油圈转动是否灵活）。

⑥ 填料的松紧程度应适宜，每分钟的渗水量为10～20滴，否则应调整填料压盖。但填料不能压得太紧，否则会使电动机电流增大或烧坏填料。

⑦ 泵运行中出现下列情况时，必须紧急停泵，切断电源，关闭出水闸扳阀。

a. 水泵不上水。

b. 泵异常震动或有故障性异响。

c. 泵体漏水或闸阀、法兰滋水。

d. 启动超过规定时间，启动电流不返回。

e. 电动机冒烟、冒火。

f. 电流值明显超限或其他紧急事故。

(3) 矿井通风设备的安全运行管理　矿井主通风机作为保障矿井安全生产的重要设备，其功率大，而且要长期连续不断地运行。因此，矿井通风设备的安全运行管理是一项技术复杂、责任重大的工作。为了保证矿井安全生产并保持主通风机高效运行，平时必须加强对主通风机的检查和维护保养。在雷雨季节到来之前，要对主通风机及其附属设备进行安全性检查，保证设备处于完好状态。

① 矿井主通风机的安全运行管理　《规程》第一百二十一条规定：主要通风机的安装和使用应符合下列要求。

a. 主要通风机必须安装在地面；装有通风机的井口必须封闭严密，其外部漏风率在无提升设备时不得超过5%，有提升设备时不得超过15%。

b. 必须保证主要通风机连续运转。

c. 必须安装2套同等能力的主要通风机装置，其中1套作备用，备用通风机必须能在10min内开动。在建井期间可安装1套通风机和1部备用电动机。生产矿井现有的2套不同能力的主要通风机，在满足生产要求时，可继续使用。

d. 严禁采用局部通风机或风机群作为主要通风机使用。

e. 装有主要通风机的出风井口应安装防爆门，防爆门每6个月检查维修1次。

f. 至少每月检查1次主要通风机。改变通风机转数或叶片角度时，必须经煤矿技术负责人批准。

g. 新安装的主要通风机投入使用前，必须进行1次通风机性能测定和试运转工作，以后每5年至少进行1次性能测定。

《规程》第一百二十二条规定：生产矿井主要通风机必须装有反风设施，并能在10min内改变巷道中的风流方向；当风流方向改变后，主要通风机的供风量不应小于正常供风量的40%。

② 矿井局部通风机的安全运行管理

a. 采用双电源、双风机、自动换机和风筒自动倒风装置　局部通风，应设双风机、双电源，并由专用开关供电。一套正常运转，一套备用。当一趟电路停电时，立即启用另一回路，使局部通风机能够正常运转，以保证继续向工作面供风。当常用局部通风机因故障停机时，电源开关自动切换，备用风机立即启动，从而保证了局部通风机的连续运转，继续向工作面供风。由于双风机共用一趟主风筒，能实现风机自动倒台，则连接两风机的风筒也必须能自动倒风。

b. 使用“三专两闭锁”装置　“三专两闭锁”的“三专”是指专用变压器、专用开关、专用电缆；“两闭锁”是指风、电闭锁，瓦斯、电闭锁。

“三专”的作用：保证局部通风机的电源可靠，不受其他电器设备的影响。

“两闭锁”的作用：只有在局部通风机正常供风、掘进巷道内瓦斯含量不超过规定限值时，方能向巷道内机电设备供电；当局部通风机停转时，自动切断所控的机电设备电源；当瓦斯含量超过规定限值时，系统能自动切断瓦斯传感器控制范围内的电源，而局部通风机仍能照常运转。若局部通风机停转且停风区内瓦斯含量超过限值时，局部通风机便自行闭锁。重新恢复通风时，要人工复电，先送风，当瓦斯含量降低到允许值以下时才能送电。从而提高了局部通风机连续运转供风的安全可靠性。

c. 推广局部通风机地面摇讯技术　局部通风机地面摇讯技术是用来监视局部通风机开、停及运行状况的技术。对高瓦斯和煤与瓦斯突出矿井，使用的局部通风机要安设载波摇讯器，以便实时监控其运转情况。

(4) 矿井压气设备的安全运行管理　空气压缩机的安全运行，必须注意以下问题。

① 压风机的安全阀和压力调节器必须动作可靠，安全阀动作压力不得超过额定压力的1.1倍。使用油润滑的空气压缩机必须装有断油信号显示器；水冷式空气压缩机必须装有断水信号显示装置。

② 压风机的排气温度，单缸不得超过190℃，双缸不得超过160℃。必须装设温度保护装置。

③ 压风机必须使用闪点不低于215℃的压缩机油。

④ 井下的固定式压风机和风包应分别设置在2个硐室内。风包内的温度应保持在120℃以下，并装有超温保护装置。

⑤ 在压风机的风包出口管路上必须装释压阀。释压阀的释放压力应为压缩机最高工作压力的1.25～1.4倍。释压阀应安装在距风包3～4m处为宜，以减少排气温度的影响。

2. 煤矿运输设备的安全运行管理

(1) 带式输送机的安全运行管理

①《规程》第三百七十三条规定：采用滚筒驱动带式输送机运输时，应遵守下列规定。

a. 必须使用阻燃输送带。带式输送机托辊的非金属材料零部件和包胶滚筒的胶料，其阻燃性和抗静电性必须符合有关规定。

b. 巷道内应有充分照明。

c. 必须装设驱动滚筒防滑保护、堆煤保护和防跑偏装置。

d. 应装设温度保护、烟雾保护和自动洒水装置。

e. 在主要运输巷道内安设的带式输送机还必须装设输送带张紧力下降保护装置和防撕裂保护装置；在机头和机尾必须装设防止人员与驱动滚筒和导向滚筒相接触的防护栏。

f. 倾斜井巷中使用的带式输送机在上运时，必须同时装设防逆转装置和制动装置；下运时必须装设制动装置。

g. 液力偶合器严禁使用可燃性传动介质（调速型液力偶合器不受此限）。

h. 带式输送机巷道中行人跨越带式输送机处应设过桥。

i. 带式输送机应加设软启动装置，下运带式输送机应加设软制动装置。

②《规程》第三百七十四条规定：采用钢丝绳牵引带式输送机运输时，必须遵守下列规定。

a. 必须装设过速保护、过电流和欠电压保护、钢丝绳和输送带脱槽保护、输送带局部过载保护、钢丝绳张紧车到达终点和张紧重锤落地保护保护装置，并定期进行检查和试验。

b. 在倾斜井巷中，必须装设弹簧式或重锤式制动闸。制动闸的性能应符合下列要求：制动力矩与设计最大静拉力差在闸轮上作用力矩之比不得小于2，也不得大于3；在事故断电或各种保护装置发生作用时能自动施闸。

③《规程》第三百七十五条规定：井巷中采用钢丝绳牵引带式输送机或钢丝绳芯带式输

送机运送人员时，应遵守下列规定。

a. 在上、下人员的20m区段内输送带至巷道顶部的垂距不得小于1.4m，行驶区段内的垂距不得小于1m。下行带乘人时，上、下输送带间的垂距不得小于1m。

b. 输送带的宽度不得小于0.8m，其运行速度不得超过1.8m/s。钢丝绳牵引带式输送机的输送带绳槽至带边的宽度不得小于60mm。

c. 乘坐人员的间距不得小于4m。乘坐人员不得站立或仰卧，应面向行进方向，并严禁携带笨重物品和超长物品，严禁扶摸输送带侧帮。

d. 上、下人员的地点应设有平台和照明。上行带下的平台长度不得小于5m，宽度不得小于0.8m，并应设有栏杆。上、下人的区段内不得有支架或悬挂装置。下人地点应有标志或声光信号，在距下人区段末端前方2m处，必须设有能自动停车的安全装置。在卸煤口，必须设有防止人员坠入煤仓的设施。

e. 运送人员前，必须卸除输送带上的物料。

f. 应装有在输送机全长任何地点可由搭乘人员或其他人员操作的紧急停车装置。

g. 钢丝绳芯带式输送机应设断带保护装置。

（2）刮板输送机的安全运行管理

① 启动前必须发出信号，向工作人员示警，然后断续启动，如果转动方向正确，又无其他情况，方可正式启动运转。

② 防止强制启动。一般情况下都要先启动刮板输送机，然后再往输送机的溜槽里装煤。在机械化采煤工作面，同样先启动刮板输送机，然后再开动采煤机。

③ 在进行爆破时，必须把整个设备，特别是管路、电缆等保护好。

④ 不要向溜槽里装入大块煤或矸石，如发现就应该立即处理，以防损坏或引起采煤机掉道等事故。

⑤ 一般情况下不准输送机运送支柱和木料等物。必须运输时，要制定防止顶人、顶机组和顶倒支柱的安全措施，并通知司机。

⑥ 启动程序一般由外向里（由放煤眼到工作面），沿逆煤流方向依次启动。

⑦ 刮板输送机停止运转时，要先停止采煤机，炮采时不要向输送机里装煤。

⑧ 工作面停止出煤前，将溜槽里的煤拉运干净，然后由里向外沿顺煤流方向依次停止运转。

⑨ 运转时要及时供水、洒水降尘。停机时要停水。无煤时不应长时间的空运转。

⑩ 运转中发现断链、刮板严重变形、机头掉链、溜槽拉坏、出现异常声音和有关部位的油温过高等事故，都应立即停机检查处理，防患于未然。

⑪ 刮板输送机的卸载端与顺槽转载机的机尾装煤部分，二者垂直位置配合适当，不能使煤粉、大块煤堆积在链轮附近，以免被回空链带入溜槽底部。应经常保持机头、机尾的清洁。

⑫ 在投入运转的最初两周中，要特别注意刮板链的松紧程度。刮板链在松弛状态下运转时会出现卡链和跳链现象，使链条和链轮损坏，并发生断链或底链掉道等故障。检查刮板链松紧程度最简单的方法是：点动机尾传动装置，拉紧链条，数一下松弛链环的数目。如用机头传动装置来拉紧链条，则需反向点动电动机，在机头处数一下松弛链环的数目。当出现两个以上完全松弛的链环时，需重新紧链。

我国许多煤矿在使用刮板输送机中积累了丰富的经验，其主要经验概括为四个字，即

“平、直、弯、链”，这是保证刮板输送机正常运转的关键。平：即输送机铺得平；直：即工作面成直线；弯：即输送机缓缓弯曲，呈S形，避免急弯；链：即链条装配正确，松紧程度适当，不能过松或过紧。

(3) 矿用电机车的安全运行管理

①《规程》第三百五十一条规定：采用电机车运输时，应遵守下列规定。

a. 列车或单独机车都必须前有照明，后有红灯。

b. 正常运行时，机车必须在列车前端。

c. 同一区段轨道上，不得行驶非机动车辆。如果需要行驶时，必须经井下运输调度室同意。

d. 列车通过的风门，必须设有当列车通过时能够发出在风门两侧都能接收到声光信号的装置。

e. 巷道内应装设路标和警标。机车行近巷道口、硐室口、弯道、道岔、坡度较大或噪声大等地段，以及前面有车辆或视线有障碍时，都必须减低速度，并发出警号。

f. 必须有用矿灯发送紧急停车信号的规定。非危险情况，任何人不得使用紧急停车信号。

g. 两机车或两列车在同一轨道同一方向行驶时，必须保持不少于100m的距离。

h. 列车的制动距离每年至少测定一次。运送物料时不得超过40m，运送人员时不得超过20m。

i. 在弯道或司机视线受阻的区段，应设置列车占线闭塞信号；在新建和扩建的大型矿井井底车场和运输大巷，应设置信号集中闭塞系统。

②《规程》第三百一十二条规定：井下用机车运送爆破材料时，应遵守下列规定。

a. 炸药和电雷管不得在同一列车内运输。如用同一列车运输时，装有炸药与装有电雷管的车辆之间，以及装有炸药或电雷管的车辆与机车之间，必须用空车分别隔开，隔开长度不得小于3m。

b. 硝化甘油类炸药和电雷管必须装在专用的、带盖的有木质隔板的车箱内，车箱内部应铺有胶皮或麻袋等软质垫层，并只准放一层爆炸材料箱。其他类炸药箱可以装在矿车内，但堆放高度不得超过矿车上缘。

c. 爆破材料必须有井下爆破材料库负责人或经过专门训练的专人护送。跟车人员、护送人员和装卸人员应坐在尾车内。严禁其他人员乘车。

d. 列车的行驶速度不得超过2m/s。

e. 装有爆炸材料的列车不得同时运送其他物品或工具。

3. 矿井采掘设备的安全运行管理

(1) 采煤机的安全运行管理　《规程》第六十九条规定：使用滚筒采煤机时，应遵守下列规定。

a. 采煤机上必须装有能停止工作面刮板输送机运行的闭锁装置。采煤机因故暂停时，必须打开隔离开关和离合器。采煤机停止工作或检修时，必须切断电源，并打开其磁力起动器的隔离开关。启动采煤机前，必须先巡视采煤机四周，确认对人员无危险后，方可接通电源。

b. 工作面遇有坚硬夹矸或黄铁矿结核时，应采取松动爆破措施处理，严禁用采煤机强行截割。

c. 工作面倾角在15°以上时，必须有可靠的防滑装置。

d. 采煤机必须安装内、外喷雾装置。截煤时必须喷雾降尘，内喷雾压力不得小于2MPa，外喷雾压力不得小于1.5MPa，喷雾流量应与机型相匹配。如果内喷雾装置不能正常喷雾，外喷雾压力不得小于4MPa，无水或喷雾装置损坏时，必须停机。

e. 采用动力载波控制的采煤机，当两台采煤机由一台变压器供电时，应分别使用不同的载波频率，并保证所有的动力载波互不干扰。

f. 采煤机上的控制按钮，必须设在靠采空区一侧，并加保护罩。

g. 使用有链牵引采煤机时，在开机和改变牵引方向前，必须发出信号。只有在收到返向信号后，才能开机或改变牵引方向，防止牵引链跳动或断链伤人。必须经常检查牵引链及其两端的固定连接件，发现问题，及时处理。采煤机运行时，所有人员必须避开牵引链。

h. 更换截齿和滚筒上、下3m以内有人工作时，必须护帮护顶，切断电源，打开采煤机隔离开关和离合器，并对工作面输送机实施闭锁。

i. 采煤机用刮板输送机作轨道时，必须经常检查刮板输送机的溜槽连接、挡煤板导向管的连接，防止采煤机牵引链因过载而断链；采煤机为无链牵引时，齿（销、链）轨的安设必须紧固、完整，并经常检查。必须按业规程规定和设备技术性能要求操作、推进刮板输送机。

(2) 刨煤机采煤的安全运行管理　《规程》第七十条规定：使用刨煤机采煤应遵守下列规定。

a. 工作面应至少每隔30m装设能随时停止刨头和刮板输送机的装置，或装设向刨煤机司机发送信号的装置。

b. 刨煤机应有刨头位置指示器，必须在刮板输送机两端设置明显标志，防止刨头与刮板输送机机头撞击。

c. 工作面倾角在12°以上时，配套的刮板输送机必须装设防滑、锚固装置。

(3) 掘进机的安全运行管理　《规程》第七十一条规定：使用掘进机应遵守下列规定。

a. 掘进机必须装有前照明灯或尾灯、必须装有能紧急停止运转的按钮。

b. 掘进机必须装有只准以专用工具开、闭的电气控制回路开关，专用工具必须由专职司机保管。司机离开操作台时，必须断开掘进机上的电源开关。

c. 开动掘进机前，必须发出警报。只有在铲板前方和截割臂附近无人时，方可开动掘进机。

d. 掘进机作业时，应使用内、外喷雾装置，内喷雾装置的使用水压不得小于3MPa，外喷雾装置的使用水压不得小于1.5MPa；如果内喷雾装置的使用水压小于3MPa或无内喷雾装置，则必须使用外喷雾装置和除尘器。

e. 在作业期间或是当掘进机接通电源后，严禁人员在掘进机前面、截割臂的回转范围内和运输机工作范围内停留。

f. 在改变掘进机的作业方位时，要事先提醒在工作范围内的所有人员注意。

g. 掘进机停止工作和维修以及交接班时，必须将掘进机切割头落地，并断开掘进机上的电源开关和磁力启动器的隔离开关。

h. 如果需要在截割臂、铲板、刮板机、回转胶带输送机等部位下面作业，必须制定专门措施，防止意外下落伤人。

4. 矿井支护设备的安全运行管理

(1) 液压支架的安全运行管理

① 准备

a. 支架操作人员要经过专门的培训，了解液压支架的基本原理、操作要点、各部件的功能以及主要故障的排除等知识。

b. 操作前，应首先观察前方顶底板，清除各种妨碍支架动作的障碍物，如浮物、杂物、台阶等。支架周围的人员随时应注意观察、警戒，以免发生事故。

c. 检查液压管路，接头等是否完好，如有松脱、损坏等现象应立即进行处理。

② 升柱

a. 移架到位后应及时升柱。

b. 为了保证支架有足够的支撑力，在没有装设初撑保证系统时，支架升柱动作应保持足够长的时间，也可让手把停留在升柱位置 1～2min 后再扳回。

c. 顶板上的矸石，切眼内的顶梁等应清除后再升柱，以保证支架与顶板接触严密。

d. 支架需要调整时，应先调后升柱。

e. 多排立支架升柱时，要使前后排立柱的动作协调，使顶梁平直、接顶良好。

③ 降架移架

a. 降柱量应尽可能减少。当支架顶梁与顶板间稍有松动时，应立即开始移架。在顶板比较破碎的情况下，尽量采用“擦顶移架”方法（边降边移或者卸载前移），有条件时应采用带压移架的方法。

b. 降柱移架动作要及时。一般对及时支护方式的支架，在采煤机后滚筒通过之后就可降柱移架。当顶板较好时，滞后距离一般不超过 3～5m；在顶板较破碎时，则应在采煤机前滚筒割下煤后立即进行，以便及时支护新暴露出的顶板，防止局部冒顶。在采用后一种移架方式时，支架工与采煤机司机要密切配合，防止挤伤人或采煤机割支架顶梁等事故。

c. 移架时，速度要快，要随时调整支架，不得歪斜，保持支架中心距，保持与输送机垂直。移架应移到位。移架后，应使工作面保持平直。

d. 为避免空顶距离过大造成冒顶，相邻两架不得同时进行降柱和移架。

e. 在有地质构造和断层落差较大的地方，严加控制支架的降柱，不可降得太多，防止钻入邻架。

f. 工作面支架上一般采用顺序移架方式。避免在一个工作面内有多处进行降、拉、移架的操作。根据防倒防滑的要求，可先移排头第二架。工作面支架可选择由工作面下方或上方相反方向的移架顺序。

④ 推溜

a. 推移输送机必须在采煤机后滚筒的后面 10m 以外进行。

b. 根据工作面情况可采用逐架推溜间隔推溜、几架同时推溜等方式，避免将输送机推出“急弯”。

c. 推溜时应随时调整布局要推够进度。除了移动段有弯曲外，输送机的其他部位应保持平直，以利采煤机工作。

d. 工作面输送机停止运转时，一般不允许进行推溜。

e. 推溜完毕后，必须将操作阀手把及时复位，以免发生误动作。

⑤ 平衡千斤顶

a. 在一般情况下，即顶板变化不大，降架又很少时，可不必操作千斤顶。

b. 如果顶板较破碎，在升柱后可伸出平衡千斤顶，以增加顶梁前端支撑力。

c. 若顶板比较稳定，可在升柱后收缩平衡千斤顶，使支架合力作用点后移，提高切顶能力。

d. 要避免由于平衡千斤顶伸出太多，而造成支架顶梁只在前段接顶的现象。

⑥ 侧护板

a. 一般情况下不必伸出或收回活动侧护板。只有当支架歪倒，需要扶正时，才在支架卸载状态下将可活动侧护板伸出，顶在固定住的下部支架上，可使支架调整到所需位置。

b. 尽量不要收回活动侧护板，以免架间漏矸。

⑦ 护帮装置

a. 采煤机快要割到时，应及时收回护帮装置，以防止采煤机割护帮板。

b. 采煤机割煤并移完支架后，要及时将护帮装置推出，支撑住煤壁。

c. 动作要缓慢平稳，防止伤人。

⑧ 防倒、调架、防滑装置

a. 支架歪倒，下滑或斜歪时，要及时操作调整。

b. 注意操作顺序以及正常操作之间的配合关系。一般情况下，调整支架要在卸载状态下进行。

c. 动作要缓慢，边操作、边观察支架调整的状况以及顶板情况。

d. 推溜时，防滑千斤顶不得松开，以防止推移过程中支架下滑。

（2）单体液压支柱的安全使用管理

① 工作面的支柱、铰接顶梁、水平楔均应编号，实行“对号入座”。

② 支柱下井前要根据试验，达到标准方可下井，新到支柱要按煤炭部颁发的单体液压支柱出厂验收标准，及时组织验收，合格的要求不同型号、规格编制永久矿号，同时建立账卡、牌板，做到数量清、状态明。

③ 不同性能的支柱不准混用，不准在炮采工作面或淋水较大，特别是在有严重酸碱性淋水工作面中使用。

④ 工作面等每班应设专职支柱管理员 2 人，负责支柱、顶梁、水平楔的清点、管理工作，处理一般故障，更换失效三用阀和破损顶盖工作。

⑤ 使用单体液压支柱的矿井，必须制订防止丢失和无故损坏的各项制度以及奖惩办法。

⑥ 内注式单体支柱的注油工作，要固定专人负责。要按规定的液压油牌号，严格过滤，定期注油，保持支柱内的正常油量。

⑦ 工作面使用的支柱要根据保持完好状态，在籍支柱完好率不低于 90％。

⑧ 支柱搬家转移，应有专职队伍负责，使用专用车辆，建立责任制和验收交接手续，认真进行清点，核对数量；对搬运转移造成严重损坏或丢失者，要追查责任给予经济制裁。

⑨ 工作面上必须有 10％左右的备用支柱，整齐竖放在工作面附近安全、干燥、清洁的地点。

⑩ 要按“作业规程”规定的柱距、排距支设支柱，迎山角度合适，支柱顶盖与顶梁结合严密，不准单爪承载。中煤层和大倾角煤层工作面的人行道两排支柱要使用绳子连接拴牢，以防失败支柱歪倒伤人。

⑪ 工作面必须放炮时，要采用防止损坏支柱的有效措施，并报煤矿总工程师批准。

⑫ 支柱支设前，须检查零部件是否齐全，柱体有无弯曲、凹陷，不合格的支柱一律不准使用。

⑬ 支柱除顶盖和外注式支柱的阀组件可在井下更换外，其他不准在井下拆卸修理。

⑭ 长期没有使用的支柱，使用前应先排出空气。支设后，如果出现活柱缓慢下沉时，则应升井检修。

⑮ 外注式支柱升柱前，必须用注液枪冲洗阀嘴，回注时必须使用专用手把，严禁使用其他工具代替。

⑯ 不准用锤镐等硬物直接敲打、碰击柱体和三用阀。回撤支柱，必须悬挂牢靠的挡矸帘，防止顶梁和大块矸石碰砸支柱。

⑰ 工作面初次放顶前，必须采用相应的技术措施，以增加支柱的稳定性并防止压坏支柱。工作面上闲置与回撤的支柱必须竖放，不准倒放或平放在底板上。严禁使用支柱移刮板输送机。

⑱ 如果发生支柱压死，要先打好临时支柱，然后用挑顶卧底的方法回撤，不准用炮崩或用机械强行回撤。

⑲ 外注式支柱工作面必须配有足够的注液枪，每 20～30m 装备一支为宜，上、下顺槽处要适当加密，用完后的注液枪应及时悬挂在支柱手把体上，不得随地乱放。

⑳ 地面闲置，待修的支柱不得露天存放，要分类存放在空气干燥、室温在 0℃以上的检修车间或库房中，长期闲置的支柱，要放出乳化液（油）。

(3) 乳化液泵站的安全运行管理　乳化液泵站是综采工作面关键设备之一，泵站是否运行正常、安全，直接影响工作面的生产与安全。为保证乳化液泵站的安全运转，应做好下列工作。

① 操作人员要注意观测泵站压力是否稳定在调定范围之内。压力变化较大时，应立即停泵，查明原因进行处理。

② 操作人员要注意设备运转声音是否正常。要观察阀组动作的节奏、压力表和管路的跳动情况，发现有异常现象时要立即停泵。

③ 注意润滑油油面高度，应不低于允许的最低油面高度，油温应低于 70℃。

④ 泵站在运行过程中，如发现危及人身或设备安全的异常现象或故障时，应立即停泵检查，在未查明原因和排除故障之前，严禁再次启动。

⑤ 检修泵体，更换密封圈、连接件、管接头、软管等承压件时，必须先停泵，并将管路系统中的压力液释放后，方可进行工作，以免高压液伤人。

⑥ 泵站运行时，不得用安全阀代替自动卸载阀工作，也不得用手动卸载阀代替自动卸载阀调压。

⑦ 决不允许用氧气或空气代替氮气向蓄能器胶囊充气，以免发生爆炸。

⑧ 对保护和附属装置如安全阀、卸载阀、蓄能器、压力表等要加强检查，发现失效时，应立即更换。

⑨ 正在运行的泵发生故障时，应按照操作规程启动备用泵。如备用泵也不能启动，应立即处理，并通知工作面有关人员。

5. 井下电气设备安全运行管理

(1) 防爆电气设备的管理　井下防爆电气设备管理是煤矿设备安全运行管理的重中之

重。井下电气设备出现失爆是造成瓦斯、煤尘爆炸的重要原因，因此，必须严格执行防爆电气设备管理的有关规定，原则上不允许防爆电气设备出现失爆。《煤矿安全规程》第四百五十二条规定：防爆电气设备入井前，应检查其“产品合格证”、“防爆合格证”、“煤矿矿用产品安全标志”及安全性能；经专职防爆检查员检查合格并签发合格证后，方准入井。第四百八十九条规定：井下防爆电气设备的运行、维护和修理，必须符合防爆性能的各项技术要求。防爆性能遭受破坏的电气设备，必须立即处理或更换，严禁继续使用。

井下防爆电气设备变更额定值使用和进行技术改造时，必须经国家授权的矿用产品质量监督检验部门检验合格后，方可投入运行。未经批准，任何人不得改变防爆电气设备内部结构。

(2) 供电保护系统的管理　供电保护是保证供电系统安全、可靠运行，保证设备、人身安全的重要措施。电气保护中的过流、漏电、接地、缺相、欠压、过压、过负荷等保护均属于供电保护系统的范围，前三者通常称为煤矿供电系统的“三大保护”。

① 过流保护的相关规定　《规程》第四百五十五条规定：井下高压电动机、动力变压器的高压控制设备，应具有短路、过负荷、接地和欠压释放保护。井下由采区变电所、移动变电站或配电点引出的馈电线上，应装设短路、过负荷和漏电保护装置。低压电动机的控制设备，应具备短路、过负荷、单相断线、漏电闭锁保护装置及远程控制装置。第四百五十六条规定：井下配电网路（变压器馈出线路、电动机等）均应装设过流、短路保护装置；必须用该配电网路的最大三相短路电流校验开关设备的分断能力和动、热稳定性以及电缆的热稳定性，必须正确选择熔断器的熔体。

② 漏电保护的相关规定

a. 井下低压馈电线上，必须装设检漏保护装置或有选择性的漏电保护装置，保证自动切断漏电的馈电线路。

b. 井下由采区变电所、移动变电站或配电点引出的馈电线上，应装设短路、过负荷和漏电保护装置。每天必须对低压检漏装置的运行情况进行 1 次跳闸试验。

c. 井下照明和信号装置，应采用具有短路、过载和漏电保护的照明信号综合保护装置配电。

d. 有人值班的变电所（站），每天必须检查漏电保护装置的完好性，并做好记录。

e. 定期检查输配电线路的漏电保护装置的完好性，每隔 6 个月或在设备移动时必须检查 1 次漏电保护装置和自动开关，每年至少检验、整定 1 次漏电保护装置。

f. 煤电钻必须使用设有检漏、漏电闭锁、短路、过负荷、断相、远距离启动和停止煤电钻功能的综合保护装置。每班使用前，必须对煤电钻综合保护装置进行 1 次跳闸试验。

g. 瓦斯喷出区域、高瓦斯矿井、煤（岩）与瓦斯（二氧化碳）突出矿井中，掘进工作面的局部通风机应采用三专（专用变压器、专用开关、专用线路）供电；也可采用装有选择性漏电保护装置的供电线路供电，但每天应有专人检查 1 次，保证局部通风机的可靠运转。

h. 低瓦斯矿井掘进工作面的局部通风机，可采用装有选择性漏电保护装置的供电线路供电，或与采煤工作面分开供电。

③ 保护接地的相关规定

a. 变电所（站）的输配电线及电气设备上的接地保护装置的设计、安装应符合国家标准的有关规定。

b. 严禁井下配电变压器中性点直接接地，严禁由地面中性点直接接地的变压器或发电机直接向井下供电，高压、低压电气设备必须设保护接地。

c. 地面变电所和井下中央变电所的高压馈电线上，必须装设有选择性的单相接地保护装置；供移动变电站的高压馈电线上，必须装设有选择性的动作于跳闸的单相接地保护装置。

d. 井下不同水平应分别设置主接地极，主接地极应在主、副水仓中各埋设1块。主接地极应使用耐腐蚀的钢板制成，其面积不得小于0.75m^2、厚度不得小于5mm。

e. 连接主接地极的接地母线，应采用截面不小于50mm^2的铜线，或截面不小于100mm^2的镀锌铁线，或厚度不小于4mm、截面不小于100mm^2的扁钢。

f. 除主接地极外，还应设置局部接地极。下列地点应装设局部接地极：采区变电所（包括移动变电站和移动变压器）；装有电气设备的硐室和单独装设的高压电气设备；低压配电点或装有3台以上电气设备的地点；无低压配电点的采煤机工作面的运输巷、回风巷、集中运输巷（胶带运输巷）以及由变电所单独供电的掘进工作面，至少应分别设置1个局部接地极；连接高压动力电缆的金属连接装置。

g. 所有电气设备的保护接地装置（包括电缆的铠装、铅皮、接地芯线）和局部接地装置，应与主接地极连接成一个总接地网。接地网上任一保护接地点的接地电阻值不得超过2Ω。每一个移动式和手持式电气设备至局部接地极之间的保护接地用的电缆芯线和接地连接导线的电阻值不得超过1Ω。

h. 电气设备的接地部分必须用单独的接地线与接地装置相连接，不得将多台电气设备的接地线串联接地。

i. 由地面直接入井的轨道及露天架空引入（出）的管路，必须在井口附近将金属体进行不少于2处的良好的集中接地。

j. 电压在36V以上和由于绝缘损坏可能带有危险电压的电气设备的金属外壳、构架，铠装电缆的钢带（或钢丝）、铅皮或屏蔽护套等必须有保护接地。

k. 电气设备的外壳与接地母线或局部接地极的连接，电缆连接装置两头的铠装、铅皮的连接，应采用截面不小于25mm^2的铜线或截面不小于50mm^2的镀锌铁线或厚度不小于4mm、截面不小于50mm^2的扁钢。

l. 橡套电缆的接地芯线，除用作监测接地回路外，不得兼作他用。

（3）井下低压电缆运行管理

① 井下电缆的选用应遵守的规定

a. 电缆敷设地点的水平差应与规定的电缆允许敷设水平差相适应。

b. 电缆应带有供保护接地用的足够截面的导体。

c. 严禁采用铝包电缆。

d. 必须选用经检验合格的并取得煤矿矿用产品安全标志的阻燃电缆。

e. 电缆主线芯的截面应满足供电线路负荷的要求。

f. 固定敷设的低压电缆，应采用铠装或非铠装电缆或对应电压等级的移动橡套软电缆。

g. 非固定敷设的高低压电缆，必须采用符合MT818标准的橡套软电缆。移动式和手持式电气设备应使用专用橡套电缆。

h. 照明、通信、信号和控制用的电缆，应采用铠装或非铠装通信电缆、橡套电缆或MVV型塑料电缆。

i. 低压电缆不应采用铝芯，采区低压电缆严禁采用铝芯。

② 敷设电缆应遵守的规定

a. 电缆必须悬挂。

b. 在水平巷道或倾角在30°以下的井巷中，电缆应用吊钩悬挂。

c. 在立井井筒或倾角在30°及其以上的井巷中，电缆应用夹子、卡箍或其他夹持装置进行敷设。夹持装置应能承受电缆重量，并不得损伤电缆。

d. 水平巷道或倾斜井巷中悬挂的电缆应有适当的弛度，并能在意外受力时自由坠落。其悬挂高度应保证电缆在矿车掉道时不受撞击，在电缆坠落时不落在轨道或输送机上。

e. 电缆悬挂点间距，在水平巷道或倾斜井巷内不得超过3m，在立井井筒内不得超过6m。

f. 沿钻孔敷设的电缆必须绑紧在钢丝绳上，钻孔必须加装套管。

g. 电缆不应悬挂在风管或水管上，不得遭受淋水。电缆上严禁悬挂任何物件。电缆与压风管、供水管在巷道同一侧敷设时，必须敷设在管子上方，并保持0.3m以上的距离。在有瓦斯抽放管路的巷道内，电缆（包括通信、信号电缆）必须与瓦斯抽放管路分挂在巷道两侧。盘圈或盘“8”字形的电缆不得带电，但给采、掘机组供电的电缆不受此限。

h. 井筒和巷道内的通信和信号电缆应与电力电缆分挂在井巷的两侧，如果受条件所限：在井筒内，应敷设在距电力电缆0.3m以外的地方；在巷道内，应敷设在电力电缆上方0.1m以上的地方。

i. 高、低压电力电缆敷设在巷道同一侧时，高、低压电缆之间的距离应大于0.1m。高压电缆之间、低压电缆之间的距离不得小于50mm。

j. 井下巷道内的电缆沿线每隔一定距离、拐弯或分支点以及连接不同直径电缆的接线盒两端、穿墙电缆的墙两边都应设置注有编号、用途、电压和截面的标志牌。

k. 立井井筒中所用的电缆中间不得有接头；因井筒太深需设接头时，应将接头设在中间水平巷道内。运行中因故需要增设接头而又无中间水平巷道可利用时，可在井筒中设置接线盒，接线盒应放置在托架上，不应使接头承力。

l. 电缆穿过墙壁的部分应用套管保护，并严密封堵管口。

③ 电缆的连接应符合的要求

a. 电缆与电气设备的连接，必须用与电气设备性能相符的接线盒。电缆线芯必须使用齿形压线板（卡爪）或线鼻子与电气设备进行连接。

b. 不同型号的电缆之间严禁直接连接，必须经过符合要求的接线盒、连接器或母线盒进行连接。

c. 相同型号电缆之间直接连接时必须遵守下列规定：橡套电缆的修补连接（包括绝缘、护套已损坏的橡套电缆的修补）必须采用阻燃材料进行硫化热补或与热补有同等效能的冷补。在地面热补或冷补后的橡套电缆，必须经浸水耐压试验，合格后方可下井使用。在井下冷补的电缆必须定期升井试验。塑料电缆连接处的机械强度以及电气、防潮密封、老化等性能，应符合该型矿用电缆的技术标准。

d. 其他规定：照明线必须使用阻燃电缆，电压不得超过127V；井下不得带电检修、搬迁电气设备、电缆和电线；在总回风巷和专用回风巷中不应敷设电缆。在机械提升的进风倾斜井巷（不包括输送机上、下山）和使用木支架的立井井筒中敷设电缆时，必须有可靠的安全措施；溜放煤、矸、材料的溜道中严禁敷设电缆。

五、任务讨论

(一)任务描述

1. 对综采工作面设备(采煤机、掘进机、刮板输送机等)的安全运行进行综合管理。

2. 建议学时:4学时。

(二)任务要求

1. 能正确地对综采工作面机械设备的安全运行进行管理。

2. 能正确地对综采工作面电气设备的安全运行进行管理。

3. 对设备安全运行管理过程中可能出现的问题进行正确的分析。

(三)任务实施过程建议

工作过程	学生行动内容	教学组织及教学方法	建议学时
资讯	1. 阅读并分析任务书; 2. 熟悉《煤矿安全规程》; 3. 收集相关资料	1. 发放工作任务书,布置任务,学生分组; 2. 用典型案例分析引导学生正确分析任务书的内容、收集资料	0.5
决策	1. 分析具体设备的运行情况; 2. 讨论设备运行过程中涉及到的操作及运行问题	1. 指导学生对设备操作、运行情况进行正确的分析; 2. 听取学生的决策意见,纠正不可行的决策方法,引导其最终得到最佳方案	0.5
计划	1. 参考《煤矿安全规程》对任务中所列设备进行分析; 2. 分析设备工作环境初步确定设备安全运行管理的内容	1. 审定学生初步拟定的设备安全运行管理的内容; 2. 组织学生互相评审	0.5
实施	1. 从工作环境、设备类型等几方面综合考虑管理的可实施性; 2. 确定综采工作面各设备的安全运行管理内容; 3. 分析在过程中可能出现的问题并提出合理解决方案	1. 设计可能出现的问题,引导学生给出解决方案; 2. 对管理内容进行审定	1
检查	1. 检查设备安全运行管理的内容; 2. 对可能出现的相关问题进一步排查	1. 组织学生进行组内互查及组组互查; 2. 与学生共同讨论检查结果	1
评价	1. 进行自评和组内评价; 2. 提交成果	1. 组织学生进行自评及组内评价; 2. 对小组及个人进行评价; 3. 给出本任务的成绩并对任务完成情况进行总结	0.5

(四)任务考核

考核内容	考核标准	实际得分
任务完成过程	70	
任务完成结果	30	
最终成绩	100	

习题与思考

1. 常用的安全管理制度、措施主要有哪些?

2. 为保证主排水泵的安全运行,必须做好哪几方面的工作?

3. 什么是"三专两闭锁"?它有哪些作用?

4. 煤矿供电的"三大保护"是什么?

5. 什么是"三违"?违章作业一般由哪些思想行为引起?

子任务二　设备的故障与事故管理

学习目标及要求

- 了解事故调查的目的和意义
- 了解事故发生的影响因素
- 掌握事故调查的程序及处理事故的主要工作
- 了解安全隐患的排查方法

一、知识链接

1. 生产事故

生产事故是指企业生产过程中突然发生的、伤害人体、损坏财物或影响生产正常进行的意外事件。事故的分类方法很多，且各企业根据自身情况及管理的需要、管理制度的严格程度，对事故的划分标准也有所不同。根据煤矿企业生产的特点，矿井机电、运输事故可根据事故发生的对象、事故的影响程度、事故的行为性质和是否造成人员伤亡等情况进行分类。

按事故发生的对象不同，可分为机械事故、电气事故和运输事故。机械事故是指煤矿企业使用的各种机械设备，如绞车、水泵、风机、车床、采煤机等设备发生的事故。电气事故是指变配电设备及线路，如高低压开关、电线电缆、电机及电控等设备所发生的事故，以及发生人员触电的事故。运输事故是指矿井的运输设备造成的事故，包括机车运输事故、绞车运输事故和皮带运输事故。

按事故影响程度及造成经济损失的大小，可分为一般事故、较大事故、重大事故和特别重大事故。一般事故是指造成3人以下（不含3人）死亡，或者10人以下（不含10人）重伤，或者1000万元（不含1000万元）以下直接经济损失的事故；较大事故是指造成3人以上（含3人）10人以下（不含10人）死亡，或者10人以上（含10人）50人以下（不含50人）重伤，或者1000万元以上（含1000万元）5000万元以下（不含5000万元）直接经济损失的事故；重大事故是指造成10人以上（含10人）30人以下（不含30人）死亡，或者50人以上（含50人）100人以下（不含100人）重伤，或者5000万元以上（含5000万元）1亿元以下（不含1亿元）直接经济损失的事故；特别重大事故是指造成30人以上（含30人）死亡，或者100人以上（含100人）重伤（包括急性工业中毒），或者1亿元以上（含1亿元）直接经济损失的事故。

按造成设备事故的行为性质，分为责任事故、破坏事故和受累事故。责任事故是指人们在生产建设过程中，由于不执行有关安全法律、法规，违反规章制度（违章指挥、违章作业）而引起的事故。破坏事故是指人员有意识地对设备进行破坏而导致的事故。受累事故是指因其他原因造成事故后，累及自己造成的事故。如斜井因断绳跑车的运输事故，矿车撞坏电缆造成短路导致变压器损坏的电气事故。

按是否造成人员伤亡，分为机电设备事故与机电设备人员伤亡事故。机电设备事故是指仅造成机电设备的损坏，而无人员伤亡的事故。机电设备人员伤亡事故是指不管有无机电设备的损坏，都造成人员伤亡的事故。人员伤亡事故又分为轻伤、重伤、死亡事故。

(1) 按伤害程度分类　人身伤亡事故也称工伤事故，工伤事故的构成要素有伤害部位、伤害种类和伤害程度。伤害程度分为轻伤、重伤和死亡三类。在《企业职工伤亡事故分类标准》中规定，轻伤指损失工作日低于105日的失能伤害，重伤指损失工作日等于或大于105日的失能伤害。按照工伤事故的伤害程度，可将其分为轻伤事故、重伤事故和死亡事故。

轻伤事故：指受伤人员只有轻伤的事故（轻伤的认定：负伤后需休息一个工作日以上，但未达到重伤程度的伤害。国家标准：1日≤损失工作日<105日）。

重伤事故：指受伤人员只有重伤（多人时包括轻伤），但无死亡的事故（重伤的国家标准：105日≤损失工作日<6000日）。

死亡事故：指造成人员死亡（多人时包括重伤、轻伤）的事故。

(2) 按事故性质分类　《企业职工伤亡事故分类标准》按照事故的性质，将工伤事故分为物体打击、车辆伤害等二十类，而煤炭企业中，将伤亡事故分为顶板、瓦斯、机电、运输、放炮、水害、火灾和其他事故八类。

顶板事故：指顶板冒落、片帮、底鼓、冲击地压等。

瓦斯事故：指有害气体中毒，瓦斯窒息，瓦斯（煤尘）燃烧、爆炸，煤（岩）与瓦斯突出等。

机电事故：指机电设备、电气设备伤人等。

运输事故：指运输工具造成的伤害，如车辆挤、撞、压人，斜井跑车，竖井墩罐，刮板输送机和胶带输送机伤人。

火药放炮事故：指火药、炸药、雷管爆炸，放炮伤人和触响瞎炮伤人。

水害事故：地表水、地下水、老塘水、工业用水等造成的透水淹井事故。

火灾事故：指煤矿自然发火或外因造成的火灾，直接伤人或产生有害气体致人中毒伤亡，也包括地面火灾。

其他事故：指以上七类没有包括的伤亡事故。

2. 事故预测

事故预测或称安全预测、危险性预测，是对系统未来的安全状况进行预测，预测系统中存在哪些危险及危险的程度，以便对事故进行预报和预防。通过预测，可以发现一台或一类设备发生事故的变化趋势，帮助人们认识客观规律，制定相应的管理制度和技术方案，对事故防患于未然。

预测是从过去和现在已知的情况出发，利用一定的方法或技术去探索或模拟未出现的或复杂的中间过程，推断出未来的结果。事故预测的过程框图如图3-1所示。

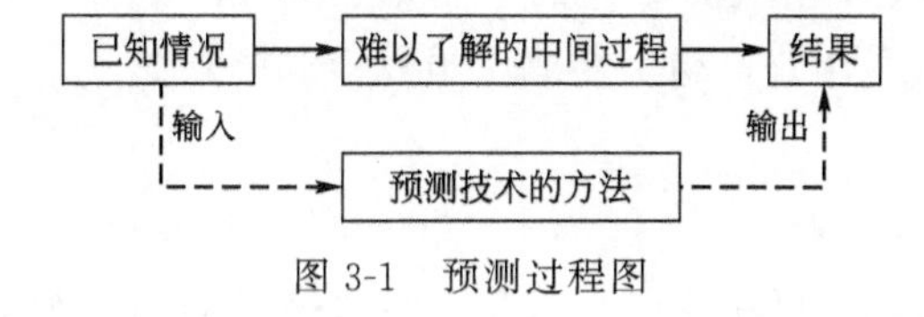

图3-1　预测过程图

二、任务准备

1. 事故预测的准备工作

现代煤炭生产必须坚持“安全第一，预防为主”的方针，以尽量减少或避免事故发生。为了减少设备事故，需要对设备使用的环境、设备运行状况、操作人员素质、管理水平等因素进行事先辨识、分析和评价，运用各种科学的分析方法对事故发生的概率进行科学预测，从而制定行之有效的措施，预防事故的发生。

2. 事故调查的目的和意义

从加强管理的角度来说，发生机电运输事故后，无论事故大小都应进行事故调查。事故调查的目的和意义如下。

① 分析事故发生的原因；

② 制定防止类似事故再次发生的措施；

③ 发现和掌握事故的发生规律，制定科学的劳动保护法规、安全生产规章制度和质量标准；

④ 对事故相关责任人的处理提供依据；

⑤ 增强职工的安全生产意识和遵章守纪的自觉性。

不论是一般事故还是重大事故，也不论是伤亡事故还是非伤亡事故，都会给煤矿生产造成不同程度的损失和破坏。尤其是伤亡事故，不但直接影响生产，而且还损害了煤矿的社会形象，伤残职工不但自身受到痛苦，国家受到损失，同时也给家庭和亲友带来痛苦和损失，所以必须对事故进行调查。

3. 安全隐患的概念及分类

隐患，通俗地讲就是没有显露出的祸患。安全生产事故隐患（简称事故隐患），是指生产经营单位违反安全生产法律、法规、规章、标准、规程和安全生产管理制度的规定，或者因其他因素在生产经营活动中存在可能导致事故发生的人的不安全行为、物的危险状态和管理上的缺陷。隐患通常有如下几种分类方法。

（1）按隐患的危险程度分类　一般可分为一般隐患、重大隐患和特别重大隐患。

一般隐患：危险性不大，事故影响或损失较小的隐患。

重大隐患：危险性较大，可能造成人身伤亡或财产损失的隐患。

特别重大隐患：危险性大，可能造成重大人身伤亡或重大财产损失的隐患。

《安全生产事故隐患排查治理暂行规定》又将事故隐患分为一般事故隐患和重大事故隐患。

一般事故隐患，是指危害和整改难度较小，发现后能够立即整改排除的隐患。

重大事故隐患，是指危害和整改难度较大，应当全部或者局部停产停业，并经过一定时间整改治理方能排除的隐患，或者因外部因素影响致使生产经营单位自身难以排除的隐患。

（2）按隐患的危险类型分类　通常分为：通风、瓦斯、煤尘、火灾、水害、提升运输、机电、爆破、顶板、矿震、冲击地压、中毒、泄漏、腐蚀、断裂、变形、高处作业、容器内作业、动火作业、带压堵漏作业、动土作业、吊装作业和其他。

三、任务分析

1. 事故预测的原则

单个事故的发生看似都是随机事件，但又是有规律可循的。对于设备事故，是将其作为一种不断变化的过程来研究的，认为事故的发生是与它的过去和现状紧密相关的，这就有可能经过对事故现状和历史的综合分析，推测它的未来。预测的结论不是来自于主观臆断，而是建立在对事故的科学分析上。因此，只有掌握了事故随机性所遵循的规律，才能对事故进行预测预报。

认识事故的发展变化规律，利用其必然性是进行科学预测所应遵循的总原则。进行具体事故预测时，还应遵循以下几项原则。

(1) 惯性原则　按照这一原则，认为过去的行为不仅影响现在，而且也影响未来。尽管未来时间内有可能存在某些方面的差异，但对于系统安全状态的总体情况来看，今天是过去的延续，明天则是今天的未来。

(2) 类推原则　即把先发展事物的表现形式类推到后发展的事物上去。利用这一原则的首要条件是两事物之间的发展变化有类似性，只要认为具有代表性，也可由局部去类推整体。

(3) 相关原则　相关性有多种表现形式，其中最重要的是因果关系。利用这一原则预测之前，首先应确定两事物之间的相关性关系。

(4) 概率推断原则　当推断的预测结果能以较大概率出现时，就可以认为这个结果是成立的，可以采纳的。一般情况下，要对可能出现的结果分别给出概率，以决定取舍。

2. 事故的影响因素分析

煤炭企业中所有事故产生的原因，都可将其成因分为自然因素（如地震、山崩、台风、海啸等）和非自然因素两大类，前者虽然不是人力所能左右的，但可以借助科学技术提前采取预防措施，将事故的损失降低。矿井中更多的事故是后者，即非自然因素影响造成，所以主要分析后者。非自然因素包括两类，即人的不安全行为和物的不安全状态。而事故往往是由物质、行为和环境等多种因素共同作用的结果。

具体来说，影响事故发生的因素有五项，即人（man）、物（material）、环境（medium）、管理（managemnt）和事故处理。其中最主要的影响因素是前四项因素，又称为“4M”因素。用事故树来分析五项因素在事故中的影响，如图 3-2 所示。

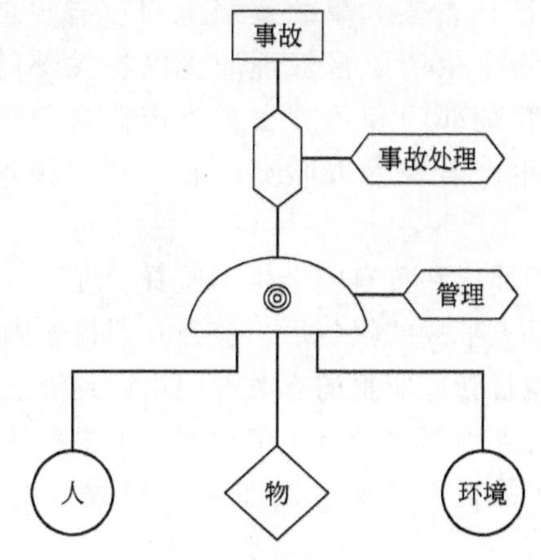

图 3-2　事故致因关系

(1) 人的因素　包括操作工人、管理人员、事故现场的在场人员和有关人员等，他们的不安全行为是事故的重要致因。

(2) 物的因素　包括原料、燃料、动力、设备、工具等。物的不安全状态是构成事故的物质基础，它构成生产中的事故隐患和危险源，当它满足一定的条件时就会转化为事故。

(3) 环境因素　主要是指自然环境异常和生产环境不良等。不安全的环境是引起事故的物质基础，是事故的直接原因。

(4) 管理因素　即管理的缺陷，主要是指技术缺陷以及组织、现场指挥、操作规程、教育培训、人员选用等方面的问题。管理的缺陷是事故的间接原因，是事故的直接原因得以存在的条件。

3. 人为失误分析

在众多的安全管理理论中，有一种人为失误论的观点，即认为一切事故都是由于人的失误造成。人的失误包括工人操作的失误、管理监督的失误、计划设计的失误和决策的失误等，是由于人“错误地或不适当地响应一个刺激”而产生的错误行为。这种事故模式可以对煤矿中的放炮事故和部分机电运输事故做出比较圆满的解释。但是，由于没有考虑物的因素和环境因素等对事故的影响，所以对大多数煤矿事故的解释难以令人满意。不可否认，在煤矿发生的事故中，大多数的事故都和人的因素相关，根据各方面的统计，在煤矿发生的事故中有80%是由于人为失误造成的，但如果一切都从人的因素去研究，就不能客观、全面地分析系统，忽视其他因素的存在，不能发现存在的其他隐患，如恶劣的作业环境、陈旧的设备、落后的技术等，这都不利于对事故的预防和安全管理水平的提高。

4. 事故上报程序的规定

(1) 事故发生后，事故现场有关人员应当立即向本单位负责人报告；单位负责人接到报告后，应当于1小时内向事故发生地县级以上人民政府安全生产监督管理部门和负有安全生产监督管理职责的有关部门报告。情况紧急时，事故现场有关人员可以直接向事故发生地县级以上人民政府安全生产监督管理部门和负有安全生产监督管理职责的有关部门报告。

(2) 安全生产监督管理部门和负有安全生产监督管理职责的有关部门接到事故报告后，应当依照下列规定上报事故情况，并通知公安机关、劳动保障行政部门、工会和人民检察院：特别重大事故、重大事故逐级上报至国务院安全生产监督管理部门和负有安全生产监督管理职责的有关部门；较大事故逐级上报至省、自治区、直辖市人民政府安全生产监督管理部门和负有安全生产监督管理职责的有关部门；一般事故上报至辖区的市级人民政府安全生产监督管理部门和负有安全生产监督管理职责的有关部门。安全生产监督管理部门和负有安全生产监督管理职责的有关部门接到事故报告后，应当及时报告本级人民政府。

国务院安全生产监督管理部门和负有安全生产监督管理职责的有关部门以及省级人民政府接到发生特别重大事故、重大事故的报告后，应当立即报告国务院。必要时，安全生产监督管理部门和负有安全生产监督管理职责的有关部门可以越级上报事故情况。安全生产监督管理部门和负有安全生产监督管理职责的有关部门逐级上报事故情况，当事故报告后出现新情况的，应当及时补报，自事故发生之日起30日内，事故造成的伤亡人数发生变化的，应当及时补报。

5. 事故调查分级

特别重大事故由国务院或者国务院授权有关部门组织事故调查组进行调查。重大事故、较大事故、一般事故分别由事故发生地省级人民政府、设区的市级人民政府、县级人民政府负责调查。省级人民政府、设区的市级人民政府、县级人民政府可以直接组织事故调查组进行调查，也可以授权或者委托有关部门组织事故调查组进行调查。

未造成人员伤亡的一般事故，县级人民政府也可以委托事故发生单位组织事故调查组进行调查。

6. 事故调查报告

事故调查报告应当包括下列内容：事故发生单位概况；事故发生经过和事故救援情况；

事故造成的人员伤亡和直接经济损失；事故发生的原因和事故性质；事故责任的认定以及对事故责任者的处理建议；事故防范和整改措施。

事故调查报告应当附具有关证据材料。事故调查组成员应当在事故调查报告上签名。

7. 设备事故调查程序

成立事故调查组，迅速展开调查；进行现场查勘，拍照、绘制和记录现场情况；讨论分析、得出结论；提出预防措施；提出对相关责任人的处理意见；事故调查报告报送负责事故调查的人民政府，事故调查的有关资料应当归档保存。

四、任务实施

1. 事故预测分析方法

事故预测分为宏观预测和微观预测。前者是预测矿井在一个时期机电事故发生的变化趋势，例如根据预测前一定时期的事故情况，预测未来两年内事故增加或降低的变化；后者是具体研究一台或一类设备中某种危险能否导致事故、事故的发生概率及其危险程度。

对于宏观预测，主要应用现代数学的方法，如回归预测法、指数平滑预测法、马尔可夫预测法和灰色系统预测法等。

对于微观预测法，可以综合应用各种系统安全分析方法，目前较为实用的系统安全分析方法有排列图、事故树分析、事件树分析、安全表检查、控制图分析和鱼刺图分析等，这些方法中，既有定性分析方法，又有定量分析方法，都可以对事故进行分析和预测。

2. 事故处理的主要工作

事故处理包括两方面的内容：一是对事故造成的后果的处理，是指生产现场的恢复、被损坏设备的修复，如设备未能在短时间内修复，需要采取的临时措施；二是对事故责任人员的处理。对责任人的处理主要依据《生产安全事故报告和调查处理条例》第四章事故处理和第五章法律责任进行。事故处理必须严格执行“四不放过”的原则，即事故原因未查明不放过，整改措施未落实不放过，群众职工未受到教育不放过，事故责任人未受到处理不放过。

3. 隐患排查办法

（1）隐患排查的基本原则　隐患排查，要根据现场施工特点，排查生产工艺系统、安全基础设施、作业环境、防控手段等硬件方面存在的隐患，以及安全生产组织体系、安全管理、责任落实等软件方面的薄弱环节。

（2）排查的基本方法　由于现场危险因素、人员素质、施工条件、安全装备水平和设施等方面的差异，班组现场隐患排查的具体方法应因地、因人、因时而异，主要采用安全检查表法、基本分析法、工作安全分析法、直观经验法、安全质量标准化法等方法。安全检查表法因其系统性强，在现场广泛采用。

所谓安全检查表法，就是运用已编制好的安全检查表，进行系统的安全检查，排查出存在的安全隐患。下面就煤矿掘进工作面现场隐患排查治理为例，以安全检查表的形式简要说明，见表 3-2。

4. 预防事故的三大对策

（1）工程技术对策　工程技术对策又称本质安全化措施（简称“技治”）。

（2）管理法制对策　管理法制对策又称强制安全化措施（简称“法治”）。

（3）教育培训对策　教育培训对策又称人治安全化措施（简称“人治”）。

表 3-2 掘进工作面班组现场隐患排查治理表

序号	项目	检查内容	存在问题	治理措施	整改人	复查人	备注
一	绞车与运输	1. 倾斜井巷提升运输设备是否完好,保护装置是否齐全完整、动作可靠、电气设备是否符合规定。 2. 倾斜井巷内使用串车提升时,是否装设可靠的防跑车和跑车防护装置。 3. 倾斜井巷运输用的钢丝绳及其连接装置和矿车连接装置是否符合规定。 4. 各类调度绞车的安装和使用是否符合相关规定。 5. 轨道及道岔铺设质量是否符合规定					
二	机电设备	1. 乳化液泵站和液压系统是否完好;压力和乳化液浓度是否达到规定。 2. 胶带输送机防滑保沪、堆煤保护、防跑偏装置、温度保护、烟雾保护和自动洒水线且是否齐全完好;应设的行人过桥是否设置;消防管路和阀门是否按规定设置。 3. 刮板输送机安装固定是否符合规定,刮板和螺栓等部件是否齐全完好。 4. 掘进机是否照明良好,各操作手柄和按钮是否灵活可靠,符合完好标准。 5. 耙装机是否完好,固定是否符合规定。 6. 电缆是否完好					
三	工作面支护	1. 单体液压支柱、摩擦式金属支柱初撑力、支设是否符合规定。 2. 支护材料是否齐全,是否备有一定数量的备用支护材料。 3. 是否使用失效支柱以及超过检修期的支柱。 4. 架棚巷道工作面是否在爆破前加固工作面支护。 5. 架棚巷道支架本身质量、支架支设质量、支架间的距离、护帮、护顶、撑木、拉杆是否符合作业规程规定。 6. 巷道砌碹碹体与顶帮支架是否充满填实,符合作业规程规定。 7. 巷道维修是否做到先支后回,确保退路畅通					
四	工作面爆破	1. 炮眼封泥是否使用水炮泥,是否存在用煤粉、块状材料或其他可燃性材料作炮眼封泥,是否存在裸露爆破现象。 2. 是否按规定设置警戒线,爆破母线、警戒距离等是否符合规定。 3. 雷管、炸药是否存放在专用箱内并加锁,爆破工是否随身拐带合格证件、发爆器钥匙、便携式瓦检仪和"一炮三检"记录。 4. 处理拒爆、残爆时是否遵守有关规定。 5. 是否认真执行"一炮三检制"和"三人连锁放炮制"					
五	一通三防	1. 工作面风量、风速是否符合《煤矿安全规程》规定。 2. 瓦斯监测是否符合作业规程规定。 3. 工作面综合防尘是否符合作业规程规定。 4. 是否按规定落实隔绝瓦斯煤尘爆炸措施。 5. 通风机的安装和使用是否符合规定,是否使用风电闭锁、装有选择性漏电保护装置的供电线路供电,高瓦斯区域的是否采用"三专两闭锁"					
六	防治水	1. 是否坚持"有疑必探,先探后采"的原则进行探放水作业。 2. 工作面接近探水线时,是否有防止瓦斯和其他有害气体危害的安全措施					
七	掘进作业	1. 在松软的煤、岩层或流沙性地层中及地质破碎带掘进时,是否采取前探支护或其他安全措施。 2. 最大控顶距是否符合规程的规定。 3. 掘进机开机前、后退或调整位置是否先发出信号确保活动范围内撤出所有人员。 4. 耙装机的使用是否符合作业规程的规定。 5. 采用锚杆、锚喷等支护形式时是否按规定安设锚杆等支护材料。 6. 掘进巷道在揭露老空前是否按规定落实探查老空的安全措施。 7. 是否坚持工作过程中的敲帮问顶制度					
八	其他	是否存在其他不符合规程、措施的方面					

5. 预防事故（危险）的十一项准则

危险因素转化为事故是有条件的（如瓦斯有燃烧和爆炸的危险因素，但瓦斯要转化为燃烧爆炸事故，需要同时具备3个条件），只要危险因素不具备转化为事故的条件，事故也就避免了。危险因素如何才能不转化为事故的条件，应遵循以下十一项准则。

（1）消除准则　消除准则是指采取措施消除有害因素，如矿井加强通风吹散炮烟等。

（2）减弱准则　减弱准则是指无法消除者，则必须减弱到无危害程度，如煤矿抽放瓦斯等。

（3）吸收准则　吸收准则是指采取吸收措施，消除有害因素，如矿井排水、消除噪声、减震等。

（4）屏蔽准则　屏蔽准则是指设置屏障限制有害因素的侵袭或人员进入（接触）危险区，如常用的安全罩、防火门、防水闸门等。

（5）加强准则　加强准则是指保证足够的强度，万一发生意外，也不会发生破坏而导致事故，例如为确保安全而采用的各种安全系数。

（6）设置薄弱环节准则　设置薄弱环节准则是指在一个系统中设置一些薄弱环节，通过提前释放能量或消除危险因素以保证安全，如供电线路上的熔断器、高压系统中的安全阀、防爆膜等。

（7）预警准则　预警准则是指静态系统中的预告标志（如井下盲洞的提示牌），动态系统中的极限值报警信号（如井下瓦斯监测的报警装置）。

（8）连锁准则　连锁准则是指有的机械运行时不能检修，检修时不能运行。

（9）空间调节准则　又称时空调节准则。如提升运输上的保险挡、保险栏、保险洞；又如“行车不行人，行人不行车”的规定等。

（10）预防性试验准则　预防性试验准则是指为了预防事故，确保安全，有的部件直至一个系统在选用前做好试验是必要的，如受压容器的水压试验、高速设备的超速试验等。

（11）预防化—自动化—机代人准则　这是一条减少人身伤亡事故的本质措施，目的在于尽量提高操作、管理的准确性和尽量避免人在危险条件下工作，从而达到消除人的伤亡和物的损失，如机械回柱放顶代替人工回柱放顶等。

6. 事故追查的三不放过及三不生产原则

（1）事故追查三不放过原则

① 事故原因分析不清不放过。

② 事故责任者和群众没有受到教育（处理）不放过。

③ 没有防范措施不放过。

（2）坚持三不生产原则

① 不安全不生产。

② 隐患不处理不生产。

③ 安全措施不落实不生产。

7. 典型案例分析

（1）安全监督检查不到位，违章挂车酿事故

① 事故经过　1997年12月2日，某矿掘进队违章超挂车，发生跑车撞死2人。12月2日中班22时10分左右，掘进队职工在辅助绞车道中间车场把钩，当剩最后3个车皮时，为

了图省事，2人用旧绳套子超挂一个车皮。起钩后，2人又跟车后上井，当2人向上行走到46.2m处时，超挂的车皮绳断开，造成跑车，将2人当场撞倒，经现场抢救无效，2人死亡。

② 事故原因分析

a. 安全意识淡薄，经常违章操作。

b. 使用不合格的连接装置，没挂保险绳，由于超挂车，无法使用保险绳。

c. 个人自主安保意识差，没有执行“行车不行人”的制度。

d. 安全监督检查不到位。

③ 事故教训与防范措施

a. 强化对职工的安全教育，特别是要加强作业规程、操作规程的学习，切实提高职工的安全意识和业务技能，严格抓好职工业务知识和操作技能的考试，凡是达不到上岗要求的，一律不准上岗。

b. 严格执行岗前安全确认制度，抓好岗前安全确认，凡是对现场操作流程不熟悉、对相关安全管理规定不了解的，一律不准操作。

c. 强化互保联保意识教育，充分发挥对作业人员的安全监护作用，杜绝超挂车现象。

d. 强化现场安全管理，切实发挥现场跟班人员、跟班安全检查工的作用，特别是要加强重点环节、薄弱环节的盯防，消除现场管理的漏洞。

(2) 制止违章不得力，装药量大崩倒棚

① 事故经过 2005年12月5日，张某在井下施工时，因巷道内岩石较多，张某为尽快完成当班生产任务，提高劳动效率，擅自将装药量增加，违反规程规定，导致爆破后迎头棚被崩倒。

② 事故原因分析

a. 爆破工张某安全意识不强，不能严格遵守规程规定，擅自将装药量增加，是造成事故的主要原因。

b. “三人连锁放炮制”执行得不好，当班安全检查工、班组长对爆破工违章制止不力。

c. 爆破前未对防倒棚进行加固是造成此次事件的又一原因。

③ 事故教训与防范措施

a. 加强对职工的安全教育：不断提高职工的安全意识，从源头上杜绝“三违”现象的发生。

b. 加强爆破工的学习培训，重点抓好爆破的安全流程控制，杜绝此类现象的发生。

c. 严格落实规程措施，强化安全检查工、班组长安全责任落实，做到不安全不生产。

d. 迎头爆破前后应加固好防倒棚，爆破工不准擅自多装药。

(3) 班中漏巡查，绞车挤伤脚

① 事故经过 某矿2006年7月2日14时，综采工区大班人员在3115工作面轨道巷下料时，25kW绞车闸把连接螺丝处断裂，造成2个料车跑车，跑出6m被吊梁挡住而造成翻车的事故。

② 事故原因分析

a. 综采工区大班下料组绞车司机黄某，安全意识差，违反《煤矿安全规程》规定，开车前没有认真检查绞车制动闸安全隐患。

b. 7月2日，负责该绞车检查维护工作的电工组长汤某，未认真履行工作职责，未及时查出和消除绞车制动闸安全隐患，是造成跑车事故的又一原因。

c. 中班安全检查工孙某巡查不到位。

d. 综采工区安全管理不到位，包保制度执行不严，致使绞车运输安全管理存在死角，机电副区长孔某负有主要管理责任。

③ 事故教训与防范措施

a. 进一步加强广大员工安全思想、安全理念、安全生产制度的宣传教育力度，加强安全生产岗位流程描述教育力度，杜绝人的不安全行为和物的不安全状态。

b. 提高安全意识，加强提升运输管理。开车前，要认真检查绞车制动闸、安全设施情况，排除安全隐患，杜绝跑车事故的发生。

c. 做好“严细”管理，坚持执行好包保管理制度，治理绞车运输安全管理存在的死角。

d. 强化现场安全检查工监督检查职能的发挥，严格执行不安全不生产的安全方针。

(4) 监督检查不仔细，煤尘爆炸落矿难

① 事故经过　1994 年 3 月 15 日，某矿东煤井发生一起瓦斯煤尘爆炸事故，造成 4 人死亡。15 日中班，班长孙某安排组长潘某等 4 人到 102 轨道巷打眼爆破，由于迎头供水管路滞后，距迎头 100 余米，巷道煤帮较为干燥。16 时，装药爆破时，造成煤尘爆燃爆炸事故，潘某等 4 人全部遇难。

② 事故原因分析

a. 违反《煤矿安全规程》规定，掘进迎头缺少防尘管路和防尘设施，爆破前没有对爆破地点 30m 范围内进行全面洒水冲尘，现场煤尘堆积，是造成事故的主要原因。

b. 现场管理不到位，现场无管理人员和安全检查工跟班，粗放管理，工作前没有仔细检查现场存在的隐患问题，是造成事故的又一原因。

c. 施工人员安全意识淡薄，违章作业，对现场存在的防尘管路和设施不齐全、存在严重煤尘堆积等现象视而不见，只顾生产，不讲安全。

③ 事故教训与防范措施

a. 加强现场的“一通三防”管理，特别是防尘设施和煤尘治理，按照要求安设防尘管路和设施，严格按照制度进行冲尘。

b. 加强现场的跟班安全管理，安全监督检查人员和安全管理人员现场管理要到位，坚决做到不安全不生产。

c. 加强工人上岗前的安全教育培训工作，提高职工的安全意识，认真学习规章措施，严格按章作业。

d. 加强劳动纪律管理，现场坚决杜绝这种粗放型的管理。

五、任务讨论

(一)任务描述

1. 按照事故调查和处理的程序对给定事故进行分析和处理。

2. 建议学时:3 学时。

(二)任务要求

1. 能正确地分析事故的成因。

2. 能正确地按事故调查报告的内容进行初步的分析与总结。

3. 能从中总结出事故的教训与类似事故的防范措施。

(三)任务实施过程建议

续表

工作过程	学生行动内容	教学组织及教学方法	建议学时
资讯	1. 阅读并分析任务书，了解事故的基本情况； 2. 收集相关资料	1. 发放工作任务书，布置任务，学生分组； 2. 用典型案例分析引导学生正确分析任务书的内容、收集资料	0.5
决策	1. 分析事故发生的过程； 2. 分析讨论事故的成因、性质以及等级等	1. 指导学生对事故进行正确的分析； 2. 听取学生的决策意见，纠正不可行的决策方法，引导其最终得到最佳方案	0.5
计划	1. 对事故按照事故调查程序的相关内容进行分析； 2. 初步按照事故调查报告的内容逐项确定内容	1. 审定学生初步拟订事故调查报告内容； 2. 组织学生互相评审	0.5
实施	1. 确定事故调查报告的内容； 2. 总结事故的教训，分析并归纳类似事故的防范措施； 3. 分析在过程中可能出现的问题并提出合理解决方案	1. 设计可能出现的问题，引导学生给出解决方案； 2. 对事故调查报告、事故的教训与防范措施进行审定	1
检查	1. 检查事故调查报告、事故的教训与防范措施的内容； 2. 对可能出现的相关问题进一步排查	1. 组织学生进行组内互查及组组互查； 2. 与学生共同讨论检查结果	0.5
评价	1. 进行自评和组内评价； 2. 提交成果	1. 组织学生进行自评及组内评价； 2. 对小组及个人进行评价； 3. 给出本任务的成绩并对任务完成情况进行总结	

（四）任务考核

考核内容	考核标准	实际得分
任务完成过程	70	
任务完成结果	30	
最终成绩	100	

习题与思考

1. 编写事故调查报告应包含哪些内容？
2. 什么叫事故预测？事故预测遵循的原则有哪些？
3. 事故调查包含哪些程序？
4. 事故追查的“三不放过和三不生产”原则是什么？

任务四　煤矿机电设备的检修管理

子任务一　煤矿机电设备的检查管理

学习目标及要求

- 了解设备的检查规律
- 掌握设备的检查方法
- 能够根据企业实际确定检查方法

一、知识链接

设备检修管理包括设备检查和设备修理两部分的管理工作，是设备维修管理的主要内容，其目的是通过预防性检查、精度检验、技术性能测定等工作，以较少的人力和物力资源，使设备在使用期内，故障少，有效利用率高，能可靠地运行和完成规定的功能，满足企业生产经营目标的要求。

设备的检查是掌握设备磨损规律的重要手段，是维修工作的基础。通过检查可以全面地掌握机器设备的技术状况及其变化，及时查明和消除设备的隐患。针对检查发现的问题，提出改进设备维护工作的措施，为计划预防性修理、设备技术改造和更新的可行性研究提供物质基础，有目的、有针对性地做好设备修理前的各项准备工作，以提高设备的修理质量，缩短修理时间，保证设备长期安全运转。为此，设备检查要做到及时、准确，不影响设备运行的精度和性能，检查费用和生产影响要少，并根据设备的结构特点、易发故障部位和故障类型、零件故障规律，以及设备的工艺和安全要求等，确定设备的检查项目、检查部位、检查内容、检查标准、检查时间和检查方法等，如表 4-1 所示。

表 4-1　常见零件的主要检查内容

序号	名称	常见故障	故障信号	检查内容	检查方法
1	齿轮	磨损、疲劳	振动、音响	间隙、齿面、参数	直接测量、监测
2	轴承	磨损、润滑不良	振动、温度	间隙、表面	直接测量、监测
3	轴	磨损、疲劳	振动	尺寸、表面裂纹	直接测量、探伤
4	活塞与缸	磨损	振动、音响、性能	间隙、性能	直接测量、监测
5	滑块与轨道	磨损	振动、性能	间隙、性能	直接测量
6	密封件	老化、磨损	泄漏、性能	间隙、性能	直接测量、监测
7	阀与弹簧	磨损、疲劳	性能	间隙、性能	直接测量、监测
8	摩擦片	磨损	性能	尺寸	直接测量
9	链轮与链	磨损、变形、断裂	尺寸、性能	尺寸、强度	直接测量

续表

序号	名称	常见故障	故障信号	检查内容	检查方法
10	销、链环连接	变形、断裂	振动、裂纹	外观、强度	直接观测、探伤
11	销、键、螺栓	松动、断裂	振动、音响	松紧、尺寸	直接测量
12	叶轮	磨损、不平衡、腐蚀	振动、音响、性能	尺寸、外观、平衡	直接测量、监测
13	连杆传动	变形、阻塞、脱落	位置变化	尺寸、位置	直接测量
14	吊装绳钩	断裂	断丝、变形、裂纹	断丝、尺寸、外观	直接观测、探伤
15	机架、机壳、底座、容器	变形、断裂、腐蚀	外观变化	裂纹、变形、壁厚	直接观测、探伤

二、任务准备

1. 维修方式

设备维修是为了保持和恢复设备完成规定功能的能力而采取的技术活动，包括维护和修理。现代设备管理强调对各类设备采用不同的维修方式，在保证生产的前提下，合理利用维修资源，达到设备寿命周期费用最经济的目的。设备维修常用的方式如下。

(1) 事后维修　事后维修是在设备发生故障后，或设备的性能、精度降低到不能满足生产要求时才进行的修理，又称为被动修理。对设备采用事后修理，会发生非计划停机，对主要生产设备还要组织抢修，所造成的生产损失和修理费用都比较大。因此，它仅适合不重要的设备的维修。

(2) 预防维修　预防维修一般是指对重点设备，以及一般设备中的重点部位，按事先规定的修理计划和技术要求进行的维修活动，称为预防维修。对重点设备实行预防维修、预防为主的策略，是防止设备性能、精度恶化，是抓好维修工作的关键。预防维修包括以下几种维修方式。

① 定期维修　定期维修是在规定时间的基础上执行的预防维修活动，是在设备发生故障前有计划地进行预防的检查与修理，更换即将失效的零件，处理故障隐患，进行必要的调整与修理。它具有周期性特点，根据设备零件的失效规律，事先规定修理周期、修理类别、修理内容和修理工作量。

② 状态监测维修　状态监测维修是一种以设备技术为基础，按实际需要进行修理的预防维修方式。它是在状态监测和技术诊断基础上，掌握设备恶化程度而进行的维修活动，使之既能延长和充分发挥零件的最大寿命，又能提高设备使用率，创造最大生产效益。

③ 改善维修　改善维修是为了消除设备先天性缺陷或频发故障，对设备局部结构和零件设计加以改进，结合修理进行改装，以提高其可靠性和维修性的措施，称为改善维修。设备改善维修与技术改造是不同的，主要区别为：前者的目的在于改善和提高局部零件的可靠性和维修性，从而降低设备的故障率和减少维修时间和费用；后者的目的在于局部补偿设备的无形磨损，从而提高设备的性能和精度。

2. 维修方式的选择

选择设备维修方式，不仅要从经济上考虑故障损失（如产量损失、质量损失、设备损失等）和维修费用，还要考虑生产类型、工艺特点和影响范围等。可依据故障类型、零件特点、对设备的综合评价和维修费用等分类选择设备的维修方式。

(1) 按故障类型和零件特点选择　设备故障从不同的角度进行分类，有助于对不同类型的故障，采取相应的维修方式。其特点是：一是设备发生故障不能预测，设备发生故障后通常采取事后修理方式；二是设备故障发生前是可以预测的，通过运行监视和保护系统可以提前防范，这类设备多采取定期维修、改善维修和预测维修方式；三是根据设备维修费用（零件费、检查费、工时费和零件的复杂性）、故障造成的损失及安全性的要求选择维修方式。维修方式的选择原则如下。

① 维修费用高的复杂更换件和不宜拆卸的精密零件，可采用预测维修；有时也采用故障维修，使零件得到充分利用。

② 维修费用低、简单可更换的一般性零件，可采用定期维修。

③ 简单可更换的易损件，可在检查的基础上进行更换。

④ 故障率高的复杂更换件，可采用改善维修，或采用组件更换。

⑤ 永久性部件如机壳、汽车底盘、水泵底盘、提升机机架等，可在检查的基础上，进行针对性的维修。

⑥ 不影响生产和安全的简单可换件，可采用事后修理。

(2) 按设备分类选择维修方式　根据综合评分（表 4-2）将设备分为三类，即重点设备、主要设备和一般设备。重点设备实施预防维修和定期维修，占总数的 10%左右；主要设备实施定期维修，其关键设备实施预防性维修；一般设备实施事后修理。现代设备管理主张所有设备都要实施预防性维修和定期维修方式，尽可能地避免事后修理。

表 4-2　设备综合评分表

项目	序号	内容	评分	评分标准	项目	序号	内容	评分	评分标准
生产方面	1	设备开动情况	5 3 1	三班连续运转 两班开动 一班或一班不足开动	维修方面	7	故障频率	5 3 1	故障频发 故障中等 几乎无故障
	2	发生故障时可否代替，或有无备用	5 3 1	无备用，不能代替 无备用，可外援 有备用，可代替		8	故障修理难易	5 3 1	困难，时间长，费用大 一般，有时需要外协 简单，本厂矿可解决
	3	专用程度	3 1	完全的专用设备 可用其他设备代替		9	备件情况	3 1	备件准备时间长 有库存，采购、加工时间短
	4	发生故障时对生产的影响	5 3 1	影响全厂矿 影响车间（采区） 影响设备本身	费用方面	10	设备价格	5 3 1	昂贵，大、小、精、稀设备 价格昂贵的主要设备 一般设备
质量方面	5	设备与质量关系	5 3 1	对产品精度有决定性的影响 对零件主要参数有影响 与产品精度无关		11	故障造成损失	5 3 1	50 万元以上 2 万元到 50 万元 2 万元以下
	6	设备精度的稳定性	5 3 1	需经常调修精度的 需按季节调修的 精度稳定的	安全方面	12	故障对人身及环境影响	5 3 1	危及人的生命 危害人的健康及环境 对人身无健康

(3) 维修方式的经济性　对设备故障的事后修理、定期维修和预测维修的选择，还要考虑一个重要指标，即维修的经济性。对 3 种维修方式单位时间费用进行比较，才能使设备故障的维修方式更合理。计算公式如下。

事后修理费用 F_1：

$$F_1=\frac{C_1}{T_1}+\frac{1}{T_1}t_1C_4 \tag{4-1}$$

定期维修费用 F_2：

$$F_2=\frac{C_2}{T_2}+\frac{1}{T_2}t_2C_4+K_1 \tag{4-2}$$

预测维修费用 F_3：

$$F_3=\frac{C_3}{T_3}+\frac{1}{T_3}t_3C_4+K_2 \tag{4-3}$$

式中 F_1、F_2、F_3——事后、定期、预测维修费用，元/h；

T_1、T_2、T_3——平均故障间隔期（MTBF），h；

t_1、t_2、t_3——故障的平均停机时间（修复时间），h；

C_1、C_2、C_3——每次故障的平均修理费用，包括零件费、工时费和附加材料费，元；

C_4——单位时间故障停机损失费，元/h；

K_1——1个修理周期内的预防检查和大、中、小修的单位时间平均费用，元/h；

K_2——1个监测周期内的预防性检查、状态监测和针对性修理的单位时间平均费用，元/h。

对于同一台设备，由于定期维修和预测维修可以消除故障和隐患，故障率降低，显然 $T_3 \geqslant T_2 > T_1$；较大的故障可以得到预防，一般地 $C_3 \leqslant C_2 < C_1$ 和 $t_3 \leqslant t_2 < t_1$。上述3个公式中的第一、第二项为故障停机单位时间费用损失。

当 $F_1 > F_2 \geqslant F_3$ 时，可采用定期修理和预测修理；当 $F_1 < F_2 \leqslant F_3$ 时，可采用事后修理。采用定期维修和预测维修，需在降低故障率和故障程度，减少故障停机损失上有较大效果，才能显出其经济性。

只有当定期维修更换一个零件的平均费用与事后修理更换一个零件的平均费用之比 $K<0.2$时，定期维修才比事后维修费用低；当 $K=0.1$ 时，大约可以降低25%的费用。

矿山生产是在一个复杂的环境中进行的，经济性只是选择维修的一个指标，由于安全和其他因素，必须采用费用较高的定期维修和预测维修。

三、任务分析

1. 设备检查的类型

（1）设备维护保养检查　设备维护保养检查是指由操作人员和维修人员结合日常和定期维护保养进行的检查，如班检、日检、月检等。

（2）安全预防性检查　安全预防性检查是指由专职人员为预防机电、运输、提升、排水、通风、压风和采掘等设备事故和人身事故所进行的必要检查。矿井主要电气设备、固定设备的安全检查项目及内容等要严格遵守《设备检修手册》的要求。

（3）预防维修检查　预防维修检查是预防零件故障和设备其他故障，为预防修理或更换提供依据的检查，包括定期预防维修检查和修理前检查。常见的机电设备零件预防维修检查的主要内容见表4-1。

（4）设备精度检验和技术性能测定　设备精度检验和技术性能测定是指为确定设备加工精度和设备的技术性能状态而进行的检查，矿井主要设备的技术性能测定一定要遵守《设备检修手册》的要求。

（5）故障诊断检查　故障诊断检查是指对设备的异常状态和故障进行诊断的不定期

检查。

2. 设备检查标准及方法

（1）设备检查的标准　设备检查的标准是指设备和零件正常状态时的技术参数和性能、设备故障状态和劣化状态的判断标准、需要更换或修理的零件的技术参数界限值等。有了标准才能判断异常、劣化程度及确定需要更换修理的零件和时间。各种检查标准可参考有关的《煤矿安全规程》、《设备完好标准》、检修规程和质量要求等。

（2）设备检查的方法

① 直接检查和间接检查　设备检查的方法有直接检查和间接检查，有在运转中检查测试、停机检查测试和拆卸检查测试等，检查前要准备所需仪器和工具。对重要部位的拆卸检查，必须按照检修工艺规程进行，以保证设备的精度、技术性能和工作安全。

② 设备的监测检查　设备的监测技术（也称诊断技术），是在设备检查的基础上迅速发展起来的设备维修和管理方面的新兴工程技术。通过科学的方法对设备进行监测，能够全面、准确地把握设备的磨损、老化、劣化、腐蚀的部位和程度以及其他情况。在此基础上进行早期预报和跟踪，可以将设备的定期保养制度改变为更有针对性的、比较经济的预防维修制度。一方面可以减少由于不清楚设备的磨损情况而盲目拆卸给机器带来不必要的损伤；另一方面也可以减少设备停产带来的经济损失。对设备的监测检查可分为以下几种情况。

a. 单件监测检查。对整个设备有重要影响的单个零件，进行技术状态监测，主要用于设备的小修。

b. 分部监测检查。对整个设备的主要部件，进行技术状态监测，主要用于设备的中修。

c. 综合监测检查。对整个设备的技术状态进行全面的监测、研究，包括单件、分部监测内容，主要用于设备的大修。

3. 设备检查周期的制定方法

定期检查的检查间隔时间称为检查周期，有3种制定方法。

① 根据设备检修制度的要求和有关规程的规定来确定。

② 根据生产和安全的重要性、生产工艺和过程的特点、设备和零部件的故障规律，季节性的要求及经济性来确定，如班检、日检、月检、季检、半年检、年检等。

③ 根据经济性技术参数计算设备检查周期。当设备每次检查费用平均值为C_2，设备出现故障后单位时间的损失为C_1，设备故障率为λ，则检查周期T_0为：

$$T_0=\sqrt{\frac{2C_2}{\lambda C_1}} \tag{4-4}$$

【例4-1】　设某台设备一次检查费用平均800元，单位时间故障损失费用2500元/h，故障率为0.08%，则该设备的检查周期为：

$$T_0=\sqrt{\frac{2C_2}{\lambda C_1}}=\sqrt{\frac{2\times 800}{0.08\%\times 2500}}=800(\text{h})$$

四、任务实施

1. 设备点检制

设备点检制是把设备检查工作规范化、制度化的管理制度，它是在设备需要维修的关键部位设置检查点，通过日常检查和定期检查，及时、准确地获取设备的技术状态信息，作为维护的依据，实施定期预防维修或预测维修。随着设备状态监测技术的发展，扩大了检测的信息量，提高了点检的可能性。

（1）实行点检制的准备工作

① 编制设备点检基准表　点检基准表中要确定设备点检单位、点检项目、点检内容、点检周期、点检人员等。点检基准的样式见表4-3。

表4-3　××设备点检基准表

点检部位	点检项目	点检内容	点检周期		点检人员		设备状态		点检方法			判断标准
			日检/h	定检/d	操作工	维修工	运转	停机	感官	仪器	……	
主轴齿轮	啮合质量	润滑良好 磨损合理 啮合合适	三班检查/d		维修工：×××		停机检查		润滑、磨损用感官 啮合用塞尺测量			符合完好标准

② 编制点检作业表　点检作业表是根据点检基准表编制的日常点检和定期点检的作业记录表，是列有点检内容和点检记录的空白表格。每天填写一张，填写时要按照检查周期和设备状态，用符号标记在空白表格内。

③ 技术培训　对点检人员进行技术培训，明确点检意义、目的和内容，掌握点检的标准，学会填写点检作业记录表。

（2）点检的实施

① 明确组织分工，建立点检工作系统。

② 定期对点检记录进行检查和整理。

③ 根据日常和定期点检记录，对设备技术状态和故障隐患进行分析，编制预防修理计划，确定大修理的设备，提出备件和维修用工料计划。

④ 做好点检资料的分类、归档和保管工作。

2. 设备维修制度

设备维修制度具有维修策略的含义。现代设备管理强调对各类设备采取不同的维修制度，强调设备维修应遵循设备物质运动的客观规律，在保证生产的前提下，合理利用维修资源，达到寿命周期费用最经济的目的。

（1）事后维修制度　事后维修是在设备发生故障后或性能、精度不能满足生产要求时进行维修。采用事后维修制度，修理策略是坏了再修，可以发挥零件的最大寿命，使维修经济性好，但不适用于对生产影响较大的设备，一般适用范围如下。

① 对故障停机后再修理不会给生产造成损失的设备。

② 修理技术不复杂而又能及时提供备件的设备。

③ 设备利用率低或有备用的设备。

（2）预防维修制度　预防维修制对重点或主要设备实行预防维修、预防为主。预防维修有以下几种维修方式。

① 定期维修制度　我国目前实行的设备定期维修制度主要有计划预防维修制、计划预防检修制和计划保养制三种。

a. 计划预防维修制度。它是根据设备的磨损规律，按预定修理周期及其结构对设备进行维护、检查和修理，以保证设备正常运行。其主要特征是：

（a）按规定要求，对设备进行日常清扫、润滑、紧固和调整等，以延缓设备磨损，保证设备正常运行；

(b) 按规定的日程表对设备的运行状态、性能和磨损等进行定期检查和调整，以及时消除设备隐患，保证设备完好运行；

(c) 有计划有准备地对设备进行预防性修理，定期对设备进行大、中、小修等。

b. 计划预防检修制度。它是由班检、日检、周检、月检（称“四检”）、日常检修（中修、项修、年修）、大修理及停产检修等组成。其主要特征是：

(a) 把设备检查和日常维修列为预防检修的首要内容，规定主要大型设备日检不能少于1～2h，周检每次不少于2～3h，月检每次不少于3～5h，采掘设备每天要有4～6h的检修时间，矿山重要设备每天要保证2～4h的检修时间，并规定全年有12～15h的停产检修日；

(b) 规定严格的安全预防检查和试车项目、内容、时间和制度，保证矿井安全生产；

(c) 突出了以检修为基础的针对性修理，以保证设备正常运转，降低维修费用。

c. 计划保养修理制度。它是把维护保养与计划检修结合起来的一种修理制度。其主要特征是：

(a) 根据设备使用的技术要求和设备结构特点，按设备运行（产量、公里）参数，制定相应的保养类别和修理周期；

(b) 在保养的基础上，制定设备不同的修理类别和修理周期；

(c) 当设备运转到规定时限时，要严格对设备进行检查、保养和修理。

② 状态监测维修制度　在技术监测和诊断的基础上，掌握设备运行质量的进展情况，在高度预知的情况下，适时安排预防性修理。这种维修能充分掌握维修活动的主动权，做好修前准备，协调安排生产与检修工作。它适合于重要设备，利用率高的精、大、稀有设备等。现代设备管理条例要求企业应当积极地采取以状态监测为基础的设备维修制度。

③ 改善维修制度　为消除设备先天性缺陷或频发故障，对设备局部结构和零件进行改进，结合修理进行改装以提高其可靠性和维修性措施。

五、任务讨论

(一)任务描述

1. 根据给定的设备条件进行设备的检查，确定设备的检查周期、内容、种类和方法等。

2. 建议学时：3学时。

(二)任务要求

1. 能够根据企业条件和设备实际情况选择最优的检查方法。

2. 可以编制设备检查基准表和设备检查作业表。

3. 能按验收程序、验收内容进行设备验收，并对验收过程中出现的问题进行处理。

(三)任务实施过程建议

<table>
<tr><th>工作过程</th><th>学生行动内容</th><th>教学组织及教学方法</th><th>建议学时</th></tr>
<tr><td>资讯</td><td>1. 阅读分析任务书；
2. 收集相关资料</td><td>1. 发放工作任务书，布置任务，学生分组；
2. 用典型案例分析引导学生正确分析任务书的内容、收集资料</td><td rowspan="2">0.5</td></tr>
<tr><td>决策</td><td>1. 根据收集的资料制定多种设备检查方法；
2. 分组讨论，选择最佳设备检查方法</td><td>1. 引导学生进行检查方法的选择；
2. 听取学生的决策意见，纠正不可行的决策方法，引导其得出检查方法</td></tr>
<tr><td>计划</td><td>1. 确定设备设备检查周期；
2. 确定设备设备检查内容；
3. 确定设备设备检查方法</td><td>1. 审定学生确定的设备检查周期、内容和方法；
2. 研究检查学生计划的可行性</td><td>0.5</td></tr>
<tr><td>实施</td><td>1. 编制设备检查基准表；
2. 编制设备检查作业表</td><td>1. 引导学生编制设备检查基准表和设备检查作业表；
2. 对学生编制的设备检查基准表和设备检查作业表进行审定</td><td>1</td></tr>
</table>

续表

工作过程	学生行动内容	教学组织及教学方法	建议学时
检查	1. 列举可能在设备检查过程中出现的问题并提出合理解决方案； 2. 对可能出现的相关问题进一步排查	1. 组织学生进行组内自查及组间互查； 2. 与学生共同讨论检查结果	0.5
评价	1. 进行自评和组内评价； 2. 提交成果	1. 组织学生进行组内评及组间互评； 2. 对小组及个人进行评价； 3. 给出本任务的成绩并对任务完成情况进行总结	0.5

（四）任务考核

考核内容	考核标准	实际得分
任务完成过程	70	
任务完成结果	30	
最终成绩	100	

习题与思考

1. 简述设备检查的种类和内容。
2. 设备检查的方法有哪些？
3. 根据经济性技术参数如何计算设备的检查周期？
4. 如何理解设备点检制的意义？
5. 什么叫设备的监测技术？设备的监测可以分为哪几种情况？
6. 设备维修方式的选择有哪些原则？
7. 简述设备维修制度及具体内容。
8. 计划预防检修制度有哪些特点？

子任务二　煤矿机电设备的维修管理

学习目标及要求

- 熟悉设备修理周期
- 熟悉设备修理前的准备工作
- 掌握设备大修时应考虑的因素
- 能够编制设备检修计划

一、知识链接

设备修理是为了保持和恢复设备完成规定功能的能力而采取的技术活动，包括事后修理和预防修理两大类。预防修理按设备修理工作量的大小、修理内容和恢复性能标准的不同，将设备修理分为小修、中修、项修、大修等。

（1）小修　按设备定期维修的内容或针对日常检查（点检）发现的问题，部分拆卸零部件进行检查、修理、更换或修复少量磨损件，基本上不拆卸设备的主体部分。通过检查、调整、紧固机件等手段，以恢复设备的正常功能。小修的工作内容还包括清洗传动系统、润滑系统、冷却系统、更换润滑油，清洁设备外观等。小修一般在生产现场进行。

(2) 中修　中修与大修的工作量难以区别，我国很多企业在中修执行中普遍反映“中修除不喷漆外，与大修难以区分”。因此，许多企业已经取消了中修类别，而选用更贴切实际的项修类别。

(3) 项修　项修是根据对设备进行监测与诊断的结果，或根据设备的实际技术状态，对设备精度、性能达不到工艺要求的生产线及其他设备的某些项目、部件按需要进行针对性的局部修理。项修时，一般要部分解体和检查，修复或更换磨损、失效的零件，必要时对基准件要进行局部刮削、配磨和校正坐标，使设备达到需要的精度标准和性能要求。

在实际计划项修制中，有两种弊病：一是设备的某些部件技术尚好，却到期安排了中修或大修，造成过剩修理；二是设备的技术状态劣化已不能满足生产工艺要求，因没到期而没有安排计划修理，造成失修。采用项修可以避免上述弊病，并可缩短停修时间和降低检修费用。

(4) 大修　大修是为了全面恢复长期使用的机械设备的精度、功能、性能指标而进行的全面修理。大修是工作量最大的一种修理类别，需要对设备全面或大部分解体、清洗和检查，采用新工艺、新材料、新技术等修理基准件，全面更换或修复失效零件和剩余寿命不足一个修理间隔的零件，修理、调整机械设备的电气系统，修复附件，重新涂装，使精度和性能指标达到出厂标准。大修更换主要零件数量一般达到30%以上，大修理费用一般可达到设备原值的40%～70%。

设备的项修、大修和停产检修的工作量大、质量要求高，而且有一定的设备停歇时间限制，为了保质、保量和按时完成修理工作任务，应当做好设备修理前的准备工作、检修作业实施、修理文件的档案归档管理及竣工验收等。

二、任务准备

设备检修计划是企业组织设备检修工作的指导性文件，是企业生产经营计划的重要组成部分。设备检修计划由企业设备管理部门负责编制。设备检修计划的内容主要有设备名称、修理类别、检修项目、执行日期、检修工时等。矿用机电设备检修计划的一般格式见表4-4～表4-7。

表4-4　__________年度设备修理计划表

制表时间　　年　　月　　日

序号	使用单位	设备编号	设备名称	规格型号	设备类别	设备修理系数			修理类别	主要修理内容	修理工时定额					停歇天数	计划进度			修理费用	承修单位	备注
						机	电	热			合计	钳工	电工	机加工	其他		一季度	二季度	三季度			

表 4-5　________季度设备修理计划表

制表时间　　年　　月　　日

序号	使用单位	设备编号	设备名称	规格型号	设备类别	设备修理系数			修理类别	主要修理内容	修理工时定额					停歇天数	计划进度			修理费用	承修单位	备注
						机	电	热			合计	钳工	电工	机加工	其他		月	月	月			

表 4-6　________月份设备修理计划表

制表时间　　年　　月　　日

序号	使用单位	设备编号	设备名称	规格型号	设备类别	设备修理系数			修理类别	主要修理内容	修理工时定额					停歇天数	计划进度		修理费用	承修单位	备注
						机	电	热			合计	钳工	电工	机加工	其他		起始	终止			

表 4-7　________年度设备大修计划表

制表时间　　年　　月　　日

序号	使用单位	设备编号	设备名称	规格型号	设备类别	设备修理系数			修理类别	主要修理内容	修理工时定额					停歇天数	计划进度		修理费用	承修单位	备注
						机	电	热			合计	钳工	电工	机加工	其他		季	月			

1. 设备检修计划的种类和编制

(1) 设备检修计划的种类　设备检修计划按时间分为年度计划、季度计划和月度计划；按检修性质类别分为大修计划、项修计划、改善维修计划、技术改造计划、矿井停产检修计划等；按检修目的分为设备合理修理计划、安全预防性检查和验收计划、设备性能测定计划等。

① 年度计划　年度计划要编制年度内一年的设备检修项目和检修工作量，并按季度、月等分别安排。安排设备检修计划的重点是年度计划，年度计划的重点是设备大修计划，能

列入年度计划的大修设备，其大修资金才有保证。年度计划可作为计划年度的资金平衡，是编制企业材料和备件的依据，如表 4-4、表 4-7 所示。

② 季度计划 季度计划是年度计划的分解，是按季度进一步调整和落实年度检修计划。在季度计划中要分月落实检修项目、数量和工作量，并落实检修用的主要材料和备件计划，如表 4-5 所示。

③ 月度计划 月度计划是年度计划的具体执行计划，要求比较详细地编写检修项目、检查内容、开竣工时间、工作量、材料及备件用量等，并落实到区（队）和班组，如表 4-6 所示。

④ 滚动计划 明年的年度检修计划上报后，一般要在本年度的 12 月份才能批准下达到矿，这使明年的年度计划中第一季度检修工作准备不够充分，故引入滚动计划来弥补这一不足。编制滚动计划，可在每年 6 月份着手考虑明年的年度检修计划，到 8 月份可基本确定，本年的第四季度就要做好明年第一季度的检修准备工作。这样提前半年考虑检修计划，提前一个季度做好准备，不断向前滚动。滚动计划可参考月度计划。

(2) 编制检修计划的依据 矿井设备检修计划编制的依据是设备检修工作量和检修资源量（劳动力、时间、资金、装备等）。

① 设备检修工作量 设备检修工作量有确定型的计划检修工作量和随机型的计划外检修工作量。计划检修工作量有在线（运转）设备、离线设备检修工作量，新采区、新采掘工作面安装工作量设备改善维修、技术改造和环保工程工作量；计划外检修工作量有故障停机修理和其他抢修工作量等。设备检修工作量是编制确定的，可以预计的检修工作量，在检修资源上要给计划外检修留有余地。计划检修工作量有以下几个方面。

a. 按设备修理周期结构、检修周期和状态监测确定的在线固定设备的大修、项修、年修和预检工作量，状态监测工作量；

b. 按检修周期规定的固定设备的备台轮换检修工作和季节性检修工作量；

c. 井下采掘、运输移动设备和电气设备的离线备台和部件的检修工作量；

d. 采区和采掘工作面结束的升井设备大修、项修工作量；

e. 新采区、新采掘工作面的设备准备和安装工作量；

f.《煤矿安全规程》及其他有关安全规程规定的各项定期安全性预防检修和试验的工作量；

g. 定期的设备技术性能测定工作量；

h. 其他可以预计的设备检修工作量分设备、修理类别、检修项目统计所需工时或工日工作量，大修设备要预算大修费用。

② 检修资源量 矿井的检修资源量代表了所具备的检修能力，编制检修计划时，要进行检修工作量与检修资源的平衡工作。

a. 在年度计划中，以大修费用资源核定大修项目，使大修项目与检修费用平衡。

b. 进行年、季、月度检修工作量与劳动力资源平衡，劳动力资源为所能提供的检修工时量。车间劳动力资源不足的，可先在企业内部有关车间、区队进行检修工作量平衡；内部劳动力资源不足的，可进行外协委托大修；劳动力资源富裕的，可劳务输出。

c. 检修装备资源与检修项目平衡，检修装备水平能达到的或有检修许可证的，对一些设备的大修、项修或年检可内修；装备水平和检修工人技术水平达不到的或没有检修许可证的，则需外部委托。

d. 年、季、月度的计划检修工作量与相应计划期间的检修时间资源平衡，检修时间资源，主要是指可供检修的设备、固定设备的停歇时间。离线的井下采掘、运、通和电气备用设备、采区和工作面结束后升井检修设备、固定设备的备台、季节性运转的设备都有可计划安排的检查时间资源，在线连续运转的无备台设备，有全年12～15d的停产检修时间和每天2～6h的停运检修的生产间隙时间。计划检修工作量与计划检修时间资源除在总量上平衡外，重点是单台设备的平衡，特别是在线连续运转无备台设备每次计划停歇时间和计划检修工作量的平衡，如一次停歇时间不足以完成大修或项修工作量，可分次、分部安排检修计划，也可采取部件、组件或成套更换。

③ 检修日期　设备检修日期是编排季度和月度检修计划的依据。设备的检修日期按设备检修周期、设备备用的轮换检修日期、预防检查周期、季节性设备检修日期、矿井采掘工程计划中工作面搬家日期等，分月度编排设备检修项目和矿井停产检修时间。

(3) 设备检修计划编制程序

① 编制时间　矿井设备检修计划随矿井生产计划编制时间进行，年度计划在每年9月份着手进行编制，重点备台的轮换检修日期、重点的设备技术改造和环保工程等，12月份以前由生产计划部门下达下一年度的设备检修计划。

下季度检修计划在本季第二个月编制，重点落实矿井停产检修日期及需要检修项目，在季末月10日前下达下一个季度检修计划。月度计划在每月中旬开始编制，20日前下达下月检修计划。

② 编制程序

a. 收集资料。在计划编制前，要做好资料搜集和分析工作。主要包括两个方面：一是设备技术状态方面的资料，如定期检查记录、故障修理记录、设备普查技术状态及有关产品的工艺要求、质量信息等，以确定修理类别；二是年度生产大纲、设备检修定额、有关设备的技术资料及备件库存情况。

b. 编制草案。在正式提出年度维修计划草案前，设备管理部门应在主管厂长或总工程师的主持下，组织工艺、技术、生产等部门进行综合的技术经济论证，力求达到综合的必要性、可靠性和技术经济性基础上的合理性。

c. 平衡审定。计划草案编制完毕后，分发生产、计划、工艺、技术、财务及使用部门讨论，提出项目的增减、修理停产时间长短、停机交付修理日期等各类修改意见，经过综合平衡，正式编制出修理计划，由设备管理部门负责人审定，报主管矿长批准。

d. 下达执行。每年12月份以前，由企业生产计划部门下达下一年度设备修理计划，作为企业生产、经营计划的重要组成部分进行考核。

2. 设备大修计划和矿井停产检修计划

(1) 设备大修计划

① 年度设备大修计划　矿井固定设备因基准零件磨损严重，主要精度、性能大部分丧失，必须经过全面修理才能恢复其效能。其中多采用新技术、新工艺、新材料等技术措施，因此其修理工作量较大，大修计划更应详细，如表4-7所示。

② 设备大修理计划的编制　设备大修理计划的编制是先由主管设备大修的技术人员会同使用单位，根据设备技术状态提出大修草案，经矿机电、计划、供应和财务等部门会同审核同意后，由矿机电负责人确定，上报批准。

(2) 矿井停产检修计划　编制矿井停产检修计划要根据矿井生产计划确定停产日期和停

产时间，对检修项目的工作量、检修人员、主要材料和备件供应、检修所需时间和停产时间等进行综合平衡。停产检修计划要编制检修明细表，见表 4-8。

表 4-8　大型固定设备停产检修明细表

计划检修日期：　　年　月　日至　　年　月　日

计划停电日期：　　年　月　日至　　年　月　日

局编号	矿编号	设备安装地点	受查设备		主要检修内容	纯检修时间			试运转/h	需要人员			检修用主要材料和备件								
			名称	规格		开工时间	竣工时间	累计/h		技术员	工人	作业班数	名称规格	单位	总需量	已有		自制		外购	尚缺
																矿	局	矿	局		

三、任务分析

1. 设备修理定额

设备修理定额包括劳动定额、材料消耗定额、修理费用定额和设备停歇时间定额。由于设备修理工作的差异性较大，设备修理定额一般是以大修内容为准进行制定，部分修理或中、小修，可按大修的定额打折制定。设备修理定额是核定用工、计发奖金、核定材料消耗和编制用料计划、控制维修费用和考核劳动成果的依据，也是对外劳务收费的依据。因此，修理定额应达到合理先进水平，以促进维修、降低费用。

（1）设备修理工时定额

① 设备修理复杂系数　设备修理复杂系数是用来衡量设备修理复杂程度和修理工作量大小以及确定各项定额指标的一个参考单位。设备修理复杂系数可分为机械复杂系数 JF 或 $F_{机}$，电气复杂系数 DF 或 $F_{电}$，仪表复杂系数 $F_{仪}$，动力（热工）复杂系数 $F_{热}$，砌体复杂系数 $F_{砌}$ 等五类。

煤矿使用的通用机械、电气设备的修理复杂系数，可按下列方法确定。

一是出口压力为 0.8MPa 的 L 型空压机复杂系数以进口流量分：10m³/min 为 17～17.3，20m³/min 为 21.5～22.5，40m³/min 为 33.5，60m³/min 为 45.8，100m³/min 为 56。

二是用公式计算。矿井通用设备的修理复杂系数计算公式见表 4-9。

表 4-9　矿井通用设备修理复杂系数

名称	计算公式	符号说明
通风机	离心 $F_{热}=0.19(n+1)K_1K_2$ 轴流 $F_{热}=0.09(n+1)K_1K_2$	n——风机号；K_1——电动机直联为 1，联轴器为 2，皮带为 3；K_2——通用为 1，防爆为 1.1
多级离心泵	$DF=a(0.18\sqrt{Q}+0.1\sqrt{H})$	Q——流量，m³/h；H——扬程，m；a——2～10 级分别为 0.7、0.8、0.9、1.0、1.1、1.2、1.3、1.4、1.45
普通油浸变压器	$DF=KK_1K_2\sqrt[3]{P_H}$	P_H——变压器容量，kV·A；K——kV 以下为 1；K_1——1～11kV 为 1.1；K_2——油浸为 1.6，干式为 0.66
电动机	$DF=a\sqrt{P_H}(1+K_2+K_3)$	P_H——电动机量，kW；K_3——1kV 以下为 0.3；K_2——防爆为 0.5，并用防爆为 0.7，起重防爆为 0.8；a——鼠笼为 0.7，绕线为 1.1，同步直流为 1.5

② 设备修理工时定额　修理工时定额是指完成设备修理工作所需要的标准工时数。一般是用一个修理复杂系数所需的劳动时间来表示。设备大修的工时定额如表4-10所示。

表4-10　一个复杂系数的大修工时

修理复杂系数类别	$F_{机}$	$F_{电}$	$F_{热}$	$F_{仪}$	$F_{砌}$
工时	48	16	48	16	48

例如，已知某种电动机的修理复杂系数为8.5，则其大修工时为8.5×16＝136。采、掘、运等重要设备的中修可打折，按大修的50%～60%计算，项修可按大修的20%～30%计算。

(2) 材料消耗定额　设备修理用的材料消耗是指修换零件的备件、材料件、标准件、二三类机电产品等；修理用的钢材、有色金属材料、非金属材料、油料及辅助材料等。

单台设备的修理材料消耗定额是指按设备修理类别编制的，它是根据设备修理类别的修理内容，制定每次修理标准的零件更换种类、数量及修理用料数量，并可根据设备修理复杂系数，制定单位复杂系数大修材料消耗标准。煤矿设备品种繁多、结构复杂，一般情况下，会通过诊断故障程度，有针对性地制定修理过程中的材料消耗定额。

(3) 设备修理费用定额　设备修理费用定额是指为完成各种修理工作所需的费用标准，主要包括：直接材料费用、直接工资费用、制造费用、企业管理费用和财务费用等。设备修理费用与修理工时和备件材料消耗有直接关系，而这两种消耗又取决于修理内容，一般应对各种修理工作内容的工时和材料消耗进行统计分析，制定各种修理工作费用定额。

2. 设备大修和矿井停产检修

(1) 设备大修

① 设备大修应考虑的因素　设备大修理是全面恢复设备原有功能的手段。由于检查和检修工作量大，更换的零部件多，设备大修费用一般要达到原值的30%以上，老旧设备要达到50%～60%，高的可达70%～80%，在企业设备维修费中占有相当大的比例。在确定大修时，除了考虑设备的检修周期、设备技术状态外，还要考虑以下因素：

a. 大修的对象必须是固定资产；

b. 大修周期一般在一年以上；

c. 一次大修费用需大于该设备的年折旧额，但不得超过其重置价值的50%。

对大修费用上限的规定：随着大修次数的增加，耐磨件及更换数量也增加，设备大修费用一次比一次多，设备性能和效率逐渐下降。因此，设备在大修理两次以上应当考虑设备技术改造及设备更新，从技术经济上分析设备的经济寿命，以确定设备是否再安排大修。

② 煤矿井下设备的检修周期　煤矿井下采掘、运输和其他移动设备，都保持一定的备用数量，实行按计划轮换检修。由于井下条件的限制，设备大、中、项修等需要在井上进行，综采设备在采完一个工作面或采煤100万吨以上，应升井检修。煤矿主要设备修理周期结构见表4-11，以供参考。

(2) 矿井停产检修　矿井停产检修，主要是对连续生产线上的矿井主副井提升系统、主要上下运输线、井口及井筒装备等，在日常生产中不能进行或检修时间不够的大修、项修和年检以及某些需要停产进行的安全性预防性检查和试验、设备技术性能测定和设备技术改造等。

表 4-11　煤矿主要设备检修周期

序号	设备名称	检修周期/月			参考使用年限/年
		大修	中修(项修)	小修	
1	多绳摩擦轮提升机	72	12	3	30
2	XKT、JK 系列 2～6m 提升机	48	12	3	25
3	D、DG、DA 型水泵	12	6	2	10
4	70B2 型轴流式通风机	36	6	3	20
5	10～40m^3/min 空压机	24	12	3	15～20
6	采煤机组	24～36	6	1	10
7	液压支架	24～36	6	1	7
8	刮板输送机	12	6	1	5
9	KDS、SPJ 型胶带输送机	12	6	1	10
10	装岩机	48	6	1	7
11	架线式电机车(井下用)	12	6	2	10

① 矿井停产检修日期　矿井停产检修日期以法定节假日作为当月的固定检修日，每月各有一天停产检修，全年安排 12～15d 停产检修。根据停产检修任务量，各月停产检修日可按月使用，也可部分集中使用，以便矿井组织均衡生产。

② 矿井停产检修的主要工作内容

a. 根据设备检修周期或点检和状态监测，对已达到磨损更换标准或有缺陷的零部件，以及提升容器、钢丝绳、罐道等进行修复和更换。

b. 对需要解体检查的隐蔽部件，如提升机和天轮轴瓦、减速箱齿轮、绳卡等进行定期检修，如果发现问题，力争当场解决，或在下次检修解决。

c. 对停产检修设备的关键部件，如提升机主轴等进行无损探伤。

d. 对设备进行全面彻底的清扫、换油、除锈和防腐工作。

e. 对主要固定设备性能的全面测定。

f. 需要停产进行的安全预防性检查和试验。

g. 需要停产进行的设备技术改造工程。

h. 处理故障或事故性检修等。

四、任务实施

设备的项修、大修和停产检修的工作量大、质量要求高，而且有一定的设备停歇时间限制，为了保质、保量和按时完成修理工作任务，应当做好设备修理前的准备工作、检修作业实施、竣工验收和修理文件的档案归档管理等。

1. 设备修理前的准备工作

设备修理前的准备工作过程见图 4-1。设备修理前的准备工作包括技术准备和生产准备，主要准备工作的内容如下。

(1) 预检工作　设备项修、大修和停产检修应提前 2～4 个月做好预修设备的预检工作，全面了解设备技术状态，确定修理及更换零部件的内容和应准备的工具，并为编制检修工艺规程，搜集原始资料。预检即对设备不拆卸检查，了解设备精度，做好预检记录。

(2) 编制修理技术任务书　修理技术任务书的格式见表 4-12。表中设备技术状态主要是指设备性能和精度下降的情况；主要件的磨损情况；液压、润滑、冷却和安全防护系统等

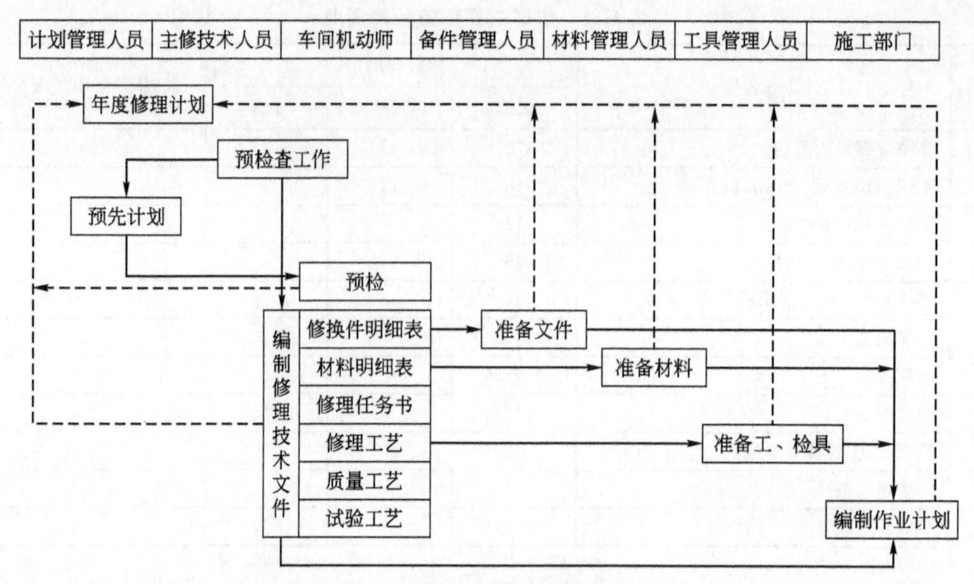

图 4-1 修理前准备工作程序

的缺陷情况。修理内容包括清洗、修复和更换零部件，治理泄漏，安全防护装置的检修，预防性安全试验内容，使用的检修工艺规程等。修理质量要求应逐项说明检修质量的检查和验收所依据的质量标准名称及代号等。

表 4-12 设备修理技术任务书

使用单位		修理复杂系数	JF/DF
设备名称		修理类别	
资产编号		承修单位	
型号规格		施工令号	
1. 设备修前技术状态：			
2. 主要修理内容：			
3. 修理质量要求：			
批准	审查	使用单位设备员	主修技术人员

（3）编制更换件明细表 明细表中应列出更换零件的名称、规格、型号、材质和数量等，对外出加工或修复的零件，提早给出图纸，包括以下内容。

① 需要铸、锻和焊接毛坯的更换件。

② 制造周期长、加工精度高的更换件。

③ 需要外购或外部委托的大型、高精度零部件。

④ 制造周期不长，但需要量大的零部件。

⑤ 采用修复技术的零部件。

⑥ 需要以半成品形式，及成对供应的零部件，应特意标明。

（4）编制材料明细表 在明细表中列出直接用于修理的各种型钢、有色金属型材、电气材料、橡胶、炉料及保温材料、润滑油和润滑脂、辅助材料等的名称、规格、型号和数量。

（5）提出检修工艺规程　设备检修工艺规程是保证设备修理的整体质量，设备大修工艺规程一般包括以下内容。

① 整机及部件的拆卸程序，拆卸过程中应检测的数据和注意事项。

② 主要零件的检查、修理工艺，应达到的精度和技术要求。

③ 部件装配程序和装配工艺，应达到的精度和技术文件。

④ 关键部位的调整工艺和技术要求。

⑤ 需要检测的量具、仪表、专用工具等明细表。

⑥ 试车程序及特别技术要求。

⑦ 安全技术措施。

（6）检修质量标准　检修质量标准包括：零部件装配标准和整机性能和精度标准。它是设备检修工作应遵守的规程，是检修质量验收的依据。检修质量标准已经有了定型的规范，如《煤矿机电设备检修质量标准》、《综采设备检修质量标准》等。

（7）生产准备

① 如期备齐修理用的材料、辅助材料、修理更换用的零部件。

② 准备好检修用的起吊工具、专用工具、量具和测量仪表等，整理检修作业场所。

③ 编制设备大修或矿井停产检修作业计划，主要包括：作业内容和程序；劳动组织分工和安排；各阶段作业时间；各部分作业之间的衔接或平行作业的关系；作业场地布置图；作业进度的横道图和网络计划图；安全技术措施等。

④ 矿井停产检修的重大项目应成立检修指挥组，负责统一指挥和协调检修工作，每项检修任务都应指定负责人，并明确分工。在停产前，要做好停风、停电、停水、停气和停机等方面的具体事宜。

⑤ 设备大修作业程序如下：解体前检查→拆卸零部件→部件解体检查→部件修理装配→总装配→空运转试车→负荷试车和精度检查→竣工验收。

（8）编写设备大修理开工报告和大修理预算

【例 4-2】 编制某矿井摩擦轮副井提升机更换提升钢丝绳的停产检修的作业规程。

① 施工方法　更换钢丝绳一次进行，共更换左、右捻向各两根。用设置在上井口南北侧的慢速提升机向井下－600m 水平下放新、旧绳，在两侧马头门，内回收旧绳。在副井上口罐道梁处加装四个 10t 滑轮作为新绳下放导向用，用井塔四楼的两台回柱绞车起吊罐笼。

② 作业程序

a. 将相同捻向的新绳分别缠在两台稳定绞车上，新绳要排列整齐，绳根螺钉要紧固，并要校准新绳长度。

b. 东罐笼吊挂装置于井塔二楼东，置西罐笼吊挂装置于－600 m 水平摇台处，并用两根长 2.5m 的 24kg/m 矿用工字钢穿过西罐笼横搪在罐梁上。

c. 二回柱绞车滑轮组钩头与东罐笼起吊绳连接后，将东罐笼吊起 1.5m 高。

d. 在副井上口用 20＃工字钢四根和专用铁楔、板卡将西罐笼提升钢丝绳留牢，在铁楔上方约 5m 处用氧气割断旧绳。

e. 将两台稳定绞车上的新绳各穿过副井上口的滑轮，用连接装置与四根旧绳连接，在－600m 水平处将西罐笼四根旧绳用氧气割断，开动稳车向－600m 水平下放新旧绳，由专人回收旧绳，并直接盘放在矿车内。

f. 新绳头到达－600m 水平西罐笼处拆下连接装置，把新绳与西罐吊装置卡接。

g. 二稳车收紧新绳，在副井上井口用铁楔、板卡将 4 根新绳留牢后，松下 80m 新绳，要保证四根绳长度一致。

h. 将四根新绳头对应四根旧绳连接，开动提升机用旧绳将新绳带入车房，绕过主滑轮、导向轮与东罐吊挂装置卡接。

i. 开动井塔四楼回柱绞车将东罐笼下放，上井口和－600m 水平分别拆除铁楔、搪罐物后，进行试车。

③ 安全技术措施

a. 施工前组织检修人员认真学习规程，做到心中有数、安全第一。

b. 施工前，施工负责人要指定专人认真检查稳车和回柱绞车的刹车、电控、钩头、钢丝绳等相关设施、部件是否可靠，如不可靠，不准施工。

c. 施工前要做好各项准备工作，对每个作业部位、关键环节都要由施工负责人指定专人负责，明确分工。

d. 作业时，所有参加检修人员要听从施工负责人指挥，不得擅自改变作业方法，如发现不安全因素要及时汇报或下令停车。

e. 施工前，所有进入或靠近井口作业人员及高空作业人员，要认真检查保险带，确保其无损、可靠，在作业时必须佩带保险带、安全帽，并将保险带固定在可靠位置，所有随手工具要用白带紧好，打大锤时不得戴手套。

f. 作业人员进入井筒作业或有碍作业进行时，必须停止提升。

g. 严禁上下同时作业，以防掉物伤人。

h. 井口周围 20m 的范围内，不得有非作业人员停留，并设专人警戒。

i. 在西罐搪好后，应切断副井提升机的高低压电源，未经施工负责人同意，不准送电。

j. 东罐起吊到位后，要用两根专用钢丝绳将东罐吊在罐道梁上。

k. 作业时，副井提升机必须由副司机监护，正司机开车，要集中精力慢速开车，车速不得大于 0.3m/s，信号联系要清楚，交接班交接要清楚。

l. 副井上、下口信号工，在施工时要集中精力，发准信号，不得脱岗。

m. 二稳车、二回柱绞车司机要集中精力，听准信号，同升、同停和同速，升停及时，刹车迅速，收紧新绳时，二稳车必须点动。

n. 上、下井口罐笼卡绳处，要用 4000mm×200mm×80mm 木板搭好脚手板，并用扒钩钉牢。

o. 下放新绳时，新旧绳卡接用 22mm 元宝卡，并不得少于 4 个，向车房带新绳时，新旧绳卡接用元宝卡不得少于 2 个。

p. 上井口的滑轮要有专人看管，防止绳脱槽，同时要注意滑轮、绳头、钢梁有无异常现象，发现问题要及时令其刹车，并汇报处理。

q. 向车房带新绳时，井塔各楼要有专人观察，注意主导轮和导向轮，看准绳路，严防新绳之间、新旧绳之间扭劲交叉。

r. 新绳在卡接截绳时，余绳长度为绕绳环后不小于 2m。

s. 更换钢丝绳后，要调整 4 绳的张力差和长短差。

t. 换绳完毕后要试运转，确认无问题方可收工。

2. 设备大修和矿井停产检修的实施

设备大修和矿井停产检修管理工作的重点是质量、进度和安全，应抓好以下几个环节。

（1）设备解体检查　设备解体后要尽快检查，对预检没有发现需要更换的零部件的故障隐患，应尽快提出补充更换件明细表和补充修理措施。

（2）临时配件和修复件的修理进度　对需要进行大修理的零部件和解体检查后提出的临时配件应抓紧完成，避免停工待件。

（3）生产调度　要加强调度工作，及时了解检修进度和检修质量，统一协调各作业之间的衔接，对检修中出现的问题，要及时向领导汇报，采取措施，及时解决。

（4）工序质量检查　每道修理工序完成后，须经质量检查员检验合格后方可转入下道工序，对隐蔽的修理项目，应有中间检验记录，外修设备的修理项目，必要时要有交修方参加的中间检验。

（5）矿井停产检修的安全措施　矿井停产检修的安全措施要有安全监察部门人员参加审批，并在施工中监督执行。

3. 竣工验收

设备大修竣工，先由承修部门进行自检、试车，然后组织使用部门共同验收。设备大修竣工验收程序如图4-2所示。竣工验收应做好以下几方面的工作。

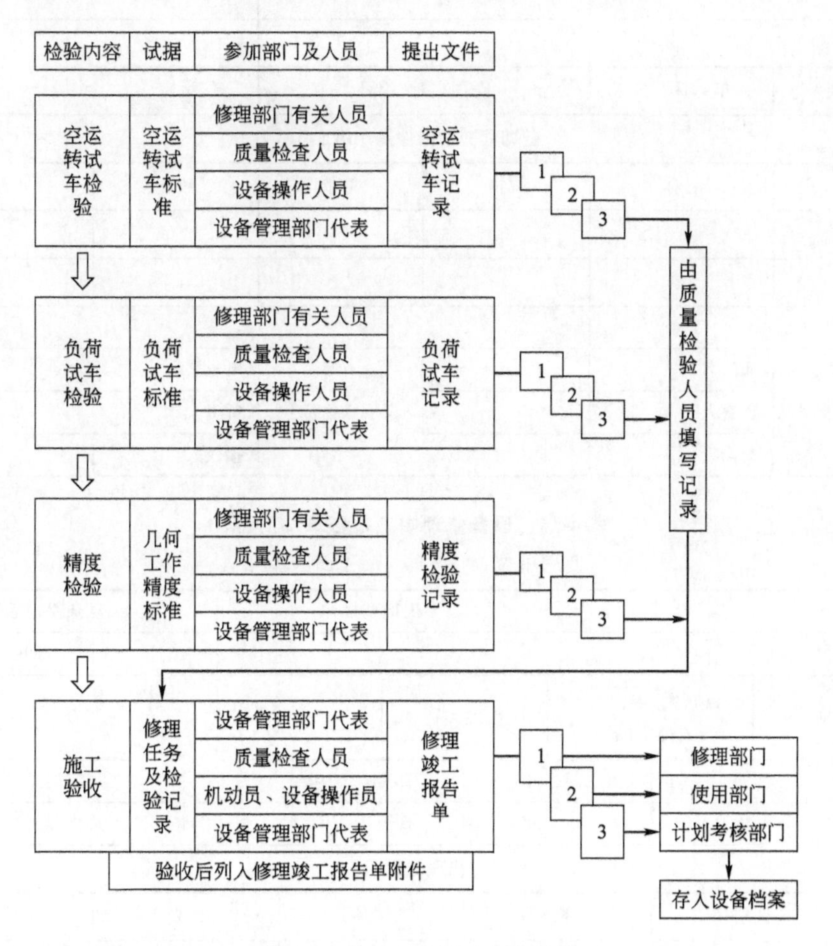

图4-2　设备大修竣工验收程序

（1）验收人员组成　设备大修质量验收，以质量管理部门的专职质检员为主，会同设备管理部门、使用单位、设备操作工人和承修部门人员等共同参加。

（2）验收依据　按设备检修质量标准和修理技术任务书进行验收；隐蔽项目应有中间验收记录；主要更换件应有质量检验记录，对实际修理内容与委托修理内容进行核对和检查。

（3）空运转试车和负荷试车　大修设备的试车，按设备试车规程进行验收。要认真检测规定的试车检查项目，并做好记录；试车程序要符合规程，试车时间要按规定执行，设备空运转和负荷试运转的时间，分别不少于：主通风机 4h 和 48h；空压机 8h 和 24h；提升机 8h 和 48h；主水泵负荷试车 8h。

4. 编写竣工文件和大修档案归档

大修竣工验收后，应填写大修竣工报告，编写或审核大修决算书。大修归档的资料主要包括：设备检修内容及验收记录（表 4-13）、空重试车及性能测定记录、隐蔽项目中间验收记录、大修开工与竣工报告单（表 4-14 和表 4-15）、修换件和材料明细表、修理费用预算表、遗留问题记录等。

表 4-13　设备交修单

<table>
<tr><td colspan="2">资产编号</td><td colspan="2">资产名称</td><td colspan="2">型号规格</td></tr>
<tr><td colspan="2"></td><td colspan="2"></td><td colspan="2"></td></tr>
<tr><td>交修日期</td><td>年　月　日</td><td colspan="2">合同名称、编号</td><td colspan="2"></td></tr>
<tr><td colspan="6">随即移交的附件及专用工具</td></tr>
<tr><td>序号</td><td>名称</td><td>规格</td><td>单位</td><td>数量</td><td>备注</td></tr>
<tr><td></td><td></td><td></td><td></td><td></td><td></td></tr>
<tr><td></td><td></td><td></td><td></td><td></td><td></td></tr>
<tr><td colspan="6">需要记载的事项</td></tr>
<tr><td rowspan="3">使用部门</td><td>部门名称</td><td></td><td rowspan="3">承修单位</td><td>单位名称</td><td></td></tr>
<tr><td>负责人</td><td></td><td>负责人</td><td></td></tr>
<tr><td>交修人</td><td></td><td>接收人</td><td></td></tr>
</table>

表 4-14　设备修理竣工报告单（正面）

使用单位：　　修理单位：　　年　月　日

<table>
<tr><td colspan="2">设备名称</td><td></td><td colspan="2">规格型号</td><td colspan="3">复杂修理系数</td></tr>
<tr><td colspan="2">设备编号</td><td></td><td colspan="2"></td><td>JF</td><td>DF</td><td rowspan="2"></td></tr>
<tr><td colspan="2">设备类别</td><td>精、大、重、稀、
关键、一般</td><td>修理类别</td><td></td><td colspan="2">施工令</td></tr>
<tr><td rowspan="2">修理
时间</td><td>计划</td><td colspan="6">年　月　日至　年　月　日　共修理　天</td></tr>
<tr><td>实际</td><td colspan="6">年　月　日至　年　月　日　共修理　天</td></tr>
<tr><td colspan="8">修理工时/h</td></tr>
<tr><td>工种</td><td>计划</td><td>实际</td><td>工种</td><td>计划</td><td colspan="3">实际</td></tr>
<tr><td>钳工</td><td></td><td></td><td>油漆工</td><td></td><td colspan="3"></td></tr>
<tr><td>电工</td><td></td><td></td><td>起重工</td><td></td><td colspan="3"></td></tr>
<tr><td>机加工</td><td></td><td></td><td>焊工</td><td></td><td colspan="3"></td></tr>
</table>

续表

<table>
<tr><td colspan="6">修理费用/元</td></tr>
<tr><td>名称</td><td>计划</td><td>实际</td><td>名称</td><td>计划</td><td>实际</td></tr>
<tr><td>人工费</td><td></td><td></td><td>人工费</td><td></td><td></td></tr>
<tr><td>备件费</td><td></td><td></td><td>备件费</td><td></td><td></td></tr>
<tr><td>材料费</td><td></td><td></td><td>材料费</td><td></td><td></td></tr>
<tr><td>修理技术文件及记录</td><td colspan="5">1. 修理技术任务书　份　4. 电气检查记录　份
2. 修换件明细表　份　5. 试车记录　份
3. 材料表　份　6. 精度检验记录　份</td></tr>
</table>

表 4-15　设备修理竣工报告单（反面）

<table>
<tr><td>主要修理及改装内容</td><td colspan="6"></td></tr>
<tr><td>遗留问题及处理意见</td><td colspan="6"></td></tr>
<tr><td>总工程师批示</td><td colspan="3">验收单位</td><td colspan="2">修理单位</td><td>质检部门检验结论</td></tr>
<tr><td rowspan="5"></td><td rowspan="3">使用单位</td><td>操作者</td><td></td><td>计划调度员</td><td></td><td rowspan="5"></td></tr>
<tr><td>机动员</td><td></td><td>修理部门</td><td></td></tr>
<tr><td>主管</td><td></td><td>机修工程师</td><td></td></tr>
<tr><td colspan="2">设备管理部门代表</td><td></td><td>电修工程师</td><td></td></tr>
<tr><td colspan="2"></td><td></td><td>主　管</td><td></td></tr>
</table>

5. 售后服务

承修单位应实行保修制，保修期一般不少于 3 个月，在保修期内，由于修理质量发生的问题，应由承修单位免费修理。

五、任务讨论

（一）任务描述

1. 根据给定的条件制定进行矿井停产检修计划。

2. 建议学时：3 学时。

（二）任务要求

1. 能够考虑做好矿井停产检修前准备工作。

2. 可以确定矿井停产检修的主要内容。

3. 能够确定竣工验收工作内容。

（三）任务实施过程建议

<table>
<tr><td>工作过程</td><td>学生行动内容</td><td>教学组织及教学方法</td><td>建议学时</td></tr>
<tr><td>资讯</td><td>1. 阅读分析任务书；
2. 收集相关资料</td><td>1. 发放工作任务书，布置任务，学生分组；
2. 用典型案例分析引导学生正确分析任务书的内容、收集资料</td><td rowspan="2">0.5</td></tr>
<tr><td>决策</td><td>1. 根据收集的资料制定多种检修计划；
2. 分组讨论，选择最佳检修计划</td><td>1. 引导学生进行检修计划的选择；
2. 听取学生的决策意见，纠正不可行的决策方法，引导其最终选择最优的检修计划</td></tr>
</table>

续表

工作过程	学生行动内容	教学组织及教学方法	建议学时
计划	1. 确定矿井停产检修前的准备工作； 2. 确定矿井停产检修工作内容； 3. 确定矿井停产检修工艺规程	1. 审定学生确定的检修内容是否完整； 2. 研究检查检修工艺规程的可行性	0.5
实施	1. 模拟实施矿井停产检修计划； 2. 模拟对停产检修实施竣工验收	1. 引导学生编制矿井停产检修完成报告和竣工验收报告； 2. 对学生编制的矿井停产检修计划和竣工验收计划进行审定	1
检查	1. 列举可能在设备检修过程中可能会出现的问题并提出合理解决方案； 2. 对可能出现的相关问题进一步排查	1. 组织学生进行组内自查及组间互查； 2. 与学生共同讨论检查结果	0.5
评价	1. 进行自评和组内评价； 2. 提交成果	1. 组织学生进行组内评及组间互评； 2. 对小组及个人进行评价； 3. 给出本任务的成绩并对任务完成情况进行总结	0.5

(四)任务考核

考核内容	考核标准	实际得分
任务完成过程	70	
任务完成结果	30	
最终成绩	100	

习题与思考

1. 何谓设备修理复杂系数？煤用设备的修理复杂系数按什么方法确定？
2. 设备修理前应做哪些技术准备？
3. 确定设备大修理时应考虑哪些因素？
4. 矿井停产检修的主要工作内容包括哪些？
5. 编制设备检修计划的依据有哪些？
6. 编制设备停产检修计划的依据有哪些？
7. 设备大修工艺规程一般包括哪些内容？
8. 设备大修竣工验收工作包括哪些内容？

任务五　煤矿机电设备的配件管理

子任务一　备件的消耗定额及储备方式

学习目标及要求

- 了解备件的几种分类依据和分类方法
- 了解备件管理的主要内容
- 熟悉备件消耗定额的几种制定方法
- 掌握备件的几种储备方式

一、知识链接

随着煤矿机械化、电气化程度的提高，矿山机电设备的种类和数量也越来越多。设备在长期使用过程中，零部件受摩擦、拉伸、压缩、弯曲、撞击等物理因素的影响，会发生磨损、变形、裂纹、断裂等现象。当这些现象积累到一定程度时，就会降低设备的性能，形成安全隐患，轻者造成设备不能正常工作，重者发生意外事故，影响煤矿安全生产。为了保证设备的性能和正常运行，要及时对设备进行检修，把磨损腐蚀过限的零部件更换下来。由于设备数量大、种类多，这就使零部件准备成为企业的一项日常工作。因此，备件管理是维修活动的重要组成部分，只有科学合理地供应与储备备件，才能做好设备维修工作。如果备件储备过多，会造成积压，影响流动资金周转，增加维修成本；如果备件储备过少，就会影响备件的及时供应，妨碍设备的维修进度。所以要做到合理储备备件，就需要我们对这一工作进行系统地总结和研究，在实践中找出它的科学规律。

1. 备件的范围与分类

(1) 备件的范围

配件：为制造整台设备而加工的零件或在设备维修工作中，用来更换磨损和老化旧件的零件称为配件。

备件：为了缩短修理停歇时间，在仓库内经常储备一定数量的形状复杂、加工困难、生产（或者订购）周期长的配件或为检修设备而新制或修复的零件和部件，统称为备件。所谓部件是由两个或两个以上的零件组装在一起的零件组合体，它们不是独立的设备，只是设备的一个组成部分，用于检修则属于备件的范畴。备件的范围如下。

① 维修用的各种配套件，如滚动轴承、传动带、链条。

② 设备说明书中所列的易损件。

③ 设备结构中传递主要载货而自身又较弱的零件。

④ 因设备结构不良而产生不正常损坏或经常发生事故的零件。

⑤ 设备或备件本身因受热、受压、受摩擦或受交变载荷而易损坏的一切零部件。

⑥ 保持设备精度的主要运动件。

⑦ 制造工序多、工艺复杂、加工困难、生产周期长及需要外协的复杂零件。

⑧ 特殊、稀有、精密设备的全部配件。

(2) 备件的分类　在工矿企业备件管理中，备件的分类方法很多。在煤矿机电设备管理中，最常见的是按设备类别分类，主要分为以下几类。

① 煤矿专业设备备件

a. 固定机械备件：提升机、压风机、通风机等备件。

b. 采掘设备备件：采煤机、装煤机、凿岩机、装岩机等备件。

c. 综采综掘设备备件：综采、综掘和高档普采设备等备件。

d. 运输设备备件：刮板机、皮带机、矿车、小绞车等备件。

e. 防爆电器备件：高低压防爆开关、启动器、综保装置、防爆电机、煤电钻等备件。

f. 其他备件：如矿灯、充电架、安全仪器等备件。

② 工矿备件

a. 矿山类型设备备件：直径 2m 以上的提升机、$3m^3$ 以上的挖掘机、破碎机、球磨机、锻钎机、汽车吊、推土机等备件。

b. 流体机械和液压件：空压机、通风机、泵类、阀类、油马达等备件。

c. 冶金锻压设备备件：2t 以上的自由锻锤、3t 以上模锻锤等备件。

d. 风动工具设备：风镐、风钻、凿岩机等备件。

e. 洗选设备备件：跳汰机、浮选机、重介质选机、筛分机、压滤机、给煤机、斗式提升机、脱水机等备件。

f. 大型铸锻件：毛坯单重在 5t 以上的铸钢件、1000t 以上水压机锻造的锻钢件。

g. 铁路专用备件。

h. 地质钻机备件。

i. 机床备件。

j. 汽车备件、内燃机、拖拉机备件等。

(3) 不属于备件范围的检修用件

① 材料件

a. 工具类的消耗件：如截齿、钎头、刀具、砂轮等。

b. 设备的管路、线路零件：如道岔、道钉、鱼尾板、托绳地滚、管路法兰盘、电缆接线盒、架空线路金具等。

c. 毛坯件和半成品：如铸锻件毛坯、各种棒料、车辆轮毂等。

② 标准件　符合国家或行业标准，并在市场上可以买到的各种紧固件、连接件、油环、油标、皮带卡子、密封圈、高压油管及其接头等。

③ 二三类机电产品　如互感器、接触器、断路器、继电器、控制器、变阻器、启动器、熔断器、开关、按钮、电瓷件、碳刷、套管、防爆灯、蓄电池等。

④ 非标准设备　属于设备管理范围的，如减速器、箕斗、罐笼、电控设备等。

2. 备件储备

备件储备是指备件的储存备用。为保证矿山设备的正常运转，备件要有一定的储备。但是由于设备的种类不同，对生产的影响程度不同，同一种设备的数量不同以及检修方式的不同，备件在储备上也有所差异。从备件的供应渠道看，有的市场上可以随时买到，有的需要专门加工，有的要现金订货等，这就需要在储备上有不同的对策。为了减少备件占用资金，各种备件应根据不同情况制定不同的储备标准。同时，也应该有个合理的综合备件储备，这就是储备定额问题。

综合备件的储备，是按备件类别或全部品种制定的多品种储备定额。它是反映各类或全部备件的储备水平，便于对备件的储备进行财务监督；以实物量表示的备件储备定额，称为备件储备绝对定额，也称备件储备定额。以时间表示的储备定额，称为备件储备相对定额，也称储备天数，它是计算备件储备量的基础。

备件储备有经常储备、保险储备、间断储备和特准储备等几种方式。储备方式的选用要根据备件消耗量大小、供应条件、对企业正常生产的影响程度、备件加工周期及工艺复杂程度、资金占用量等因素确定。

(1) 经常储备（周转储备）　同型号设备多且经常消耗的备件，或同型号设备不多，但其中某个零件消耗量大，应建立经常储备。备件的经常储备是波动的，常从储备的最高量降到最低量，又从最低量升到最高量，呈周期性变化。

(2) 保险储备　保险储备是为了避免因供应时间延误而造成备件使用中断，在经常储备的基础上，根据供应可能延误的时间而建立的一种储备。另外，对不经常消耗件，由于其零件使用寿命长、消耗量小，也可建立保险储备。

(3) 间断储备　间断储备是一种短期储备，它是根据设备状态监测，判定零件劣化趋势和疲劳度，或根据零件剩余寿命而提前一定时间做更换准备的备件，或根据设备停产检修、大修和项修计划做提前准备的备件。

(4) 特准储备　特准储备是对加工周期长、工艺复杂、短期内采购困难、占用资金多、不易损坏（一般使用年限在7～8年以上）而又关系生产和安全的大型关键件的储备，它是一种安全性的保险储备。如大型提升机的减速箱、齿轮、联轴器、轴，大型通风机的叶片、传动轴、联轴器，$20m^3$ 以上空压机的曲轴、连杆、缸体等。特准储备要按上级规定储备和动用。

对于经常消耗的备件，应建立周转储备，当然，也要建立适当的保险储备；对于不经常消耗的备件，可只建立保险储备；对于极少消耗的一般零件可不必考虑储备；对于关键性的零件，应建立特准储备。

二、任务准备

所有维修用的配套产品，即设备制造厂向外单位订购的配套产品，有国家标准或具体的型号规格，有广泛的通用性。如滚动轴承、皮带、链条、皮碗、油封等。

在设备结构中，传递主要负荷或负荷重而本身结构又薄弱的零件。

那些保持设备精度和性能的主要运动件，如主轴、活塞杆等。

受冲击、反复负荷而易损坏的零件，如曲轴等。

经常拆装而易损坏的零件或作负荷保险用的易损坏零件。

经常发生事故或因设备结构不良而经常发生不正常损坏的零件。

特殊、精密、稀有、关键设备的关键零件。

经常处于高温、高压状态，或与周围介质发生化学反应、电化学反应，而易造成变形、破裂或腐蚀的零件。

由于气蚀、氧化、腐蚀而极易损坏的零件。

以上零件都属于备件范围。

在确定备件时，应与设备、低值易耗品及材料、工具等区分开来。例如某些外购备件，由于价格高，有些企业就将其列入固定资产，作为设备进行管理。但从性质上来说，应该属于备件管理范围。有些企业在具体划分设备与备件时，是按单价的多少来划分，这个标准似乎不合适，因为这样会将大量的备件列入固定资产范围，在管理上很不方便。

但也会有少数备件难以明确划分，以至有的备件在这里属于备件，但在其他地方又不属于备件。

三、任务分析

1. 备件消耗定额

(1) 消耗定额　定额是人们对某种物资消耗所规定的数量标准。备件消耗定额是指在一定的生产技术和生产组织条件下，为完成一定的任务，设备所必须消耗的备件数量标准。煤炭企业备件消耗定额分企业原煤生产备件综合消耗定额、单项备件消耗定额（亦称个别消耗定额）等几种。应该注意的是，这里所指备件的消耗是指备件投入使用后而发生的耗费，不包括使用前的运输损坏、保管损失及使用过程中发生重大事故（如水患淹井）等所引起的损耗。

备件消耗定额是一个预先规定的数量标准。作为一个标准，不是实际消耗多少就是多少，不能把不合理的消耗也包括进去，也不是以个别最先进的消耗水平为标准，而是大多数单位和大多数人经过努力可以实现的水准，是一个合理的消耗数量标准。

(2) 备件消耗定额的制定　备件消耗定额的制定是备件管理的一项基础工作，它是企业编制备件需用计划的依据，是考核设备使用和维修的技术、经济效果的重要尺度。正确制定和执行备件消耗定额，不仅可以促进设备使用和维修水平的提高，还可以有效地降低库存，减少流通环节的资金占用，提高经济效益。据统计，目前我国每生产 10000t 原煤，备件消耗量为 3.5～5t。可见，科学制定备件消耗定额对煤炭生产成本管理，提高经济效益是显而易见的。备件消耗定额制定常用以下几种方法。

① 经验统计法　经验统计法是煤矿企业常用的制定消耗定额的方法，可再分以下两种。

第一种是统计法，即根据历年或前期统计资料制定定额的方法。

第二种是统计分析法，即在统计资料的基础上，进行分析研究，把相关因素考虑进去制定定额的方法。统计法的优点是简单易行，容易掌握，具有一定的可靠性。但是，它是以实际发生的历史资料作为依据，容易掩盖不合理因素，把备件在实际使用中的不合理因素保留在消耗定额内，会直接影响备件需用计划的准确性。因此，它是比较粗糙不够科学的方法，通常是在缺乏技术资料、影响消耗的因素比较复杂的情况下应用，一般在制定企业原煤生产备件综合消耗定额时采用。其计算公式如下：

$$\text{企业原煤生产备件综合消耗定额}=\frac{\text{企业原煤生产实际消耗备件总量}}{\text{企业原煤生产实际总产量}} \tag{5-1}$$

式中　企业原煤生产实际消耗备件总量——企业原煤生产各部门消耗的备件之和，吨；

企业原煤生产实际总产量——包括井工和露天开采产量，万吨。

对于备件个别消耗定额，注意依据各统计期的备件消耗资料（表 5-1）的具体数值。其计算分两步进行。

a. 计算各统计年份备件的平均每台消耗量，其计算公式为：

$$平均每台消耗量=\frac{统计年份备件消耗量}{统计年份设备使用台数} \tag{5-2}$$

b. 分析历年平均每台消耗变化，确定其定额数值。

历年备件平均每台消耗可能会出现以下三种情况，应根据不同的情况，采取不同的确定方法。

第一种，如果历年备件平均每台消耗基本接近，各年份之间变化幅度很小，则备件消耗定额可以历年单耗的算术平均值为基础，并考虑计划期可能发生的变化，修正求得。

表 5-1 备件消耗定额核定表

定额制定单位： 主机名称型号：

<table>
<tr><td rowspan="6">备件名称</td><td rowspan="6">图号</td><td rowspan="6">规格</td><td rowspan="6">材质</td><td rowspan="6">单位</td><td rowspan="6">单价</td><td rowspan="6">每台件数</td><td colspan="6">历年设备使用台数</td><td rowspan="6">备件件定额数值/(件/年·台)</td></tr>
<tr><td colspan="2">20 年</td><td colspan="2">20 年</td><td colspan="2">20 年</td></tr>
<tr><td colspan="2">台</td><td colspan="2">台</td><td colspan="2">台</td></tr>
<tr><td colspan="6">历年配件消耗情况</td></tr>
<tr><td colspan="2">20 年</td><td colspan="2">20 年</td><td colspan="2">20 年</td></tr>
<tr><td>年消耗量/件</td><td>平均每台消耗/(件/年·台)</td><td>年消耗量/件</td><td>平均每台消耗/(件/年·台)</td><td>年消耗量/件</td><td>平均每台消耗/(件/年·台)</td></tr>
<tr><td></td><td></td><td></td><td></td><td></td><td></td><td></td><td></td><td></td><td></td><td></td><td></td><td></td><td></td></tr>
<tr><td></td><td></td><td></td><td></td><td></td><td></td><td></td><td></td><td></td><td></td><td></td><td></td><td></td><td></td></tr>
</table>

$$备件消耗定额=\frac{\sum 统计年份平均每台消耗}{统计年份个数}\times 计划期修正系数 \tag{5-3}$$

【例 5-1】 某矿某统计年份平均使用 SGW-40T 型刮板输送机 50 台，消耗轴圆弧伞齿轮（m7.75，zll）60 件，则平均每台消耗量为：

$$平均每台消耗量=\frac{60}{50}=1.2[件/(年 \cdot 台)]$$

【例 5-2】 某矿计划期前三年 SGW-40T 型刮板输送机的轴圆弧伞齿轮（m7.75，zll）每年平均每台的消耗量分别为 1.2 件、1.3 件、1.2 件，根据计划预期可能在过去的基础上降低 10%，则计划期该种备件的消耗定额为：

$$备件消耗定额=\frac{1.2+1.3+1.2}{3}\times(1-10\%)=1.1[件/(年 \cdot 台)]$$

第二种，如果历年备件平均每台消耗有趋势性变化（下降或上升），则备件消耗定额可以接近计划期年份的平均每台消耗为基础，加以修正求得。

$$备件消耗定额=接近计划期年份平均每台消耗\times 计划期修正系数 \tag{5-4}$$

【例 5-3】 某矿计划期前三年 SGW-40T 型刮板输送机的轴圆弧伞齿轮每年平均每台的消耗量分别为：前三年 1.4 件、前二年 1.3 件、前一年 1.2 件。考虑计划期备件质量有新的提高，可能比上一年降低消耗 5%，则计划期该种备件消耗定额为：

$$备件消耗定额=1.2\times(1-5\%)=1.14[件/(年 \cdot 台)]$$

第三种，如果历年平均每台消耗的变化没有什么规律，则需对历年消耗情况做进一步分析，剔除不正常和不合理因素，取其中能反映统计期内消耗趋势的1～2年平均每台消耗相加平均，并加以修正求得。

统计分析法能够发现并消除一些不合理因素，所制定的定额，能接近实际。但它所用的技术资料必须准确，编制人员必须具有相当的技术和业务水平。

② 经验估计法　根据技术人员和工人的经验，经过分析来确定备件消耗定额。这种方法简单易行，但不精确。

③ 技术计算法　根据备件的图纸和技术参数，应用相应的理论计算，并结合实际使用条件，在实验室内进行模拟试验，测出相关数据，确定备件使用寿命。这种方法比较准确，但工作量大，对实验室条件、专业人员的技术理论水平有一定要求。对于消耗量大或材料贵重的备件，通常采用这种方法。

2. 备件储备定额

(1) 经常消耗件的储备定额　经常消耗件储备定额的制定，主要取决于备件每日（月）需用量和合理储备时间（日、月）两个因素，表示如下：

备件储备定额＝平均每日(月)需用量×合理储备时间(日、月)　　(5-5)

式中，合理储备时间对经常储备来说可用供货间隔期，对保险储备定额可用保险储备期。则

经常储备定额＝平均每日(月)需用量×供货间隔期(日、月)　　(5-6)

保险储备定额＝平均每日(月)需用量×保险储备期(日、月)　　(5-7)

供货间隔期一般是由主管部门规定的备件储存期限，而保险储备期是根据统计资料确定的平均供货延误时间。保险储备一般是固定不动用的。

经常储备和保险储备的库存量随时间变化的情况见图5-1。

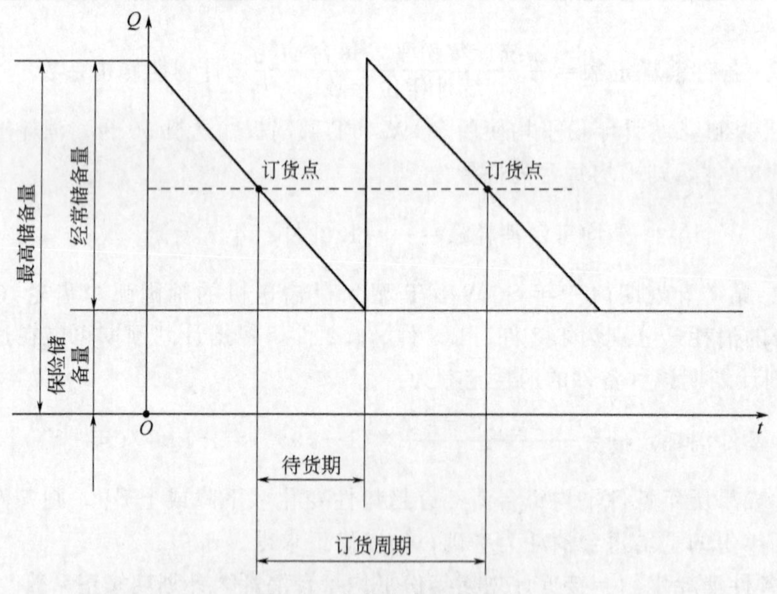

图5-1　备件库存量的变化

(2) 不经常消耗件的储备定额　不经常消耗也就不经常订购，其保险储备量受供货条件（生产、运输）的影响小，主要取决于主机使用台数的多少，以及每台件数和备件使用的期限等。主机多、单台件数多、使用期限长，储备数量自然可以相对减少。因此，这类备件的保险储备定额应采取备件系数法计算，即：

$$不经常消耗件储备定额=\frac{主机台数\times单台件数\times主机增多调整系数\times台件增多调整系数}{配件使用期限(月)} \tag{5-8}$$

两种调整系数见表5-2、表5-3。

表5-2　主机增多调整系数

主机台数	1～5	6～10	11～15	16～20	21～25	26～30	31～50	50以上
调整系数	1.0	0.9	0.8	0.7	0.6	0.5	0.4	0.2

表5-3　单台件数增多调整系数

单台件数	1～2	3～4	5～6	7～8	9～10	11以上
调整系数	1.008	0.7	0.6	0.5	0.4	0.3

(3) 特准储备件的储备定额　特准储备同样采用备件系数法来确定，计算公式与不经常消耗件的储备定额基本相同。即：

$$特准储备定额=\frac{主机台数\times单台件数\times主机增多调整系数\times台件增多调整系数}{配件使用期限(年)} \tag{5-9}$$

单台件数增多的调整系数见表5-3，主机台数增多调整系数见表5-4，备件使用期限单位为年。

表5-4　特准储备主机增多调整系数

主机台数	1～10	11～20	21～40	41～70	71～90	91～100	100以上
调整系数	1.00	0.3	0.2	0.17	0.15	0.13	0.11

【例5-4】　某矿业集团有SL-40/8型空压机20台，每台有曲轴1件，使用期限为10年，求该种备件的特准储备定额。

解：根据例题条件查表5-3，单台件数调整系数为1.0，查表5-4主机增多调整系数为0.3，代入特准储备定额计算公式求得：

$$曲轴特准储备定额=\frac{20\times1\times0.3\times1.0}{10}=0.6(件)$$

即特种储备为1件。

(4) 备件储备资金定额　备件储备资金包括库存备件和在途备件所占用的流动资金。《煤炭工业企业设备管理规程》规定：备件储备资金一般可占企业设备原值的2%～4%，引进设备和单一关键设备的备件可适当地增加储备。建立备件储备资金定额是从经济方面管理备件储备，做到既保证供应，又经济合理。资金定额主要由以下几个方面组成。

① 库存资金定额　库存资金定额和备件资金定额是综合储备定额的2个主要指标。库存资金定额是综合反映计划期内某类或全部库存备件合理数量的标准。它是在计算各种备件最高储备定额资金的基础上，再乘一个供应交叉系数而得。这是由于随着备件的领用，每种备件占用的资金经常在最大占用额和最小占用额之间波动，同时各种备件不可能同时达到最大储备量，因此可以互相调剂资金占用数，故可以乘一个小于1的供应交叉系数，也称供应间隔系数。计算公式如下：

$$库存资金定额=\sum(各种备件个别储备定额\times计划单价)\times供应交叉系数 \tag{5-10}$$

$$供应交叉系数=\frac{基年某类或全部备件库存资金平均余额}{基年某些类或全部备件最高储备定额资金}\times 100\% \quad (5\text{-}11)$$

$$基年备件库存资金平均余额=\Sigma\frac{各月库存资金平均余额}{12} \quad (5\text{-}12)$$

$$月库存资金平均余额=\frac{月初库存资金余额+月末库存资金余额}{2} \quad (5\text{-}13)$$

② 储备资金定额　它是综合反映计划期内某类或全部备件建立备件储备所允许占用资金的数额。

库存资金是储备资金的基本组成部分，但并不等于储备资金。因为在常见的供货结算中，一般是付款在先到货在后，这样在货件入库之前就占用了一部分资金，为了保证在货款付出到供货入库这段期间资金的需要，在计算储备资金定额时，还必须加上在途备件占用的资金，计算公式如下：

$$储备资金定额=备件库存资金定额\times(1+备件在途资金率) \quad (5\text{-}14)$$

$$备件在途资金率=\frac{基年在途资金平均余额}{基年库存资金平均余额}\times 100\% \quad (5\text{-}15)$$

$$基年在途资金平均余额=\Sigma\frac{各月在途资金平均余额}{12} \quad (5\text{-}16)$$

$$月在途资金平均余额=\frac{月初在途资金余额+月末在途资金余额}{2} \quad (5\text{-}17)$$

说明：由于现在市场结构发生变化，很多矿业集团采取集中采购，设备及备件采取先供货后付款的方式，这种情况则不考虑在途备件占用的资金。

③ 吨煤占用备件储备资金额　这是考核煤炭企业工作的主要经济指标，是指生产1t原煤占用的备件储备资金额。计算公式如下：

$$吨煤占用储备资金额=\frac{备件储备资金平均占用额}{原煤总产量} \quad (5\text{-}18)$$

$$储备资金平均占用额=\frac{月初占用额+月末占用额}{2} \quad (5\text{-}19)$$

④ 储备资金周转期　它尽管不是一个资金数额，但它反映了资金的利用率。备件资金周转得越快，完成一次周转所需要的时间越短，资金的利用率越高。考核资金占用效率，可以用资金完成一次周转所需的天数进行衡量。计算公式为：

$$备件资金周转天数=\frac{360}{年度资金周转次数} \quad (5\text{-}20)$$

备件资金的来源是企业的流动资金，企业流动资金预算中有“修理零备件”这一项目。因此，备件资金只能由备件范围内的物资占用，如果资金占用不当，使本来不该占用备件资金的物资占用了备件资金，就给备件工作造成困难。

有些设备大修时，需要更换一些高精度大备件，这些备件价格几千元甚至几万元，制造周期长，进货困难，为了保证修理需要，必须提前准备。这样，不但占用资金多，而且占用时间长，很不合理。所以属于大修专用的、单价在某一数额（不同的企业规定不一样，一般为2000元）以上的备件，可用大修基金储备，在大修结算时冲销。

四、任务实施

1. 备件管理的主要任务和内容

(1) 备件管理的主要任务　煤炭企业备件的储备和消耗事关重大。如果备件储备过多，会造成积压，影响流动资金周转，增加维修成本；如果备件储备过少，就会影响备件的及时供应，妨碍设备的维修进度。所以要做到合理储备备件。据统计，目前煤矿企业备件储备资金占生产流动资金的 25%～35%。因此，加强计划性，千方百计地降低备件储备和消耗，对整个企业的正常经营至关重要。近年来，备件管理正在得到人们的高度重视，煤矿企业都在建立并加强专兼职备件管理队伍，备件管理的新措施也不断出现。备件管理的主要任务如下。

① 最大限度地缩短检修所占用的时间，为设备顺利检修提供必备的条件。

② 科学地计划、调运、储备、保管备件，降低库存，减少流动资金占有量，进而降低生产成本。

③ 最大限度地降低备件消耗。

④ 搞好备件的统计、分析，向制造厂商反馈信息，使厂商不断提高备件质量，增强备件的可靠性、安全性、经济性和易修性。

(2) 备件管理的主要内容　备件管理工作是以技术管理为基础，以经济效果为目标的管理。其内容按性质可划分如下。

① 备件的技术管理　备件技术管理的内容包括：对备件图样的收集、积累、测绘、整理、复制、核对，备件图册编制；各类备件统计卡片和储备定额等技术资料的设计、编制及备件卡的编制工作。

② 备件的计划管理　备件的计划管理是指由提出外购、外协和自制计划开始，直至入库为止这一段时间的工作内容。它是根据备件消耗定额和储备定额，编制年、季、月的自制备件和外购备件计划，编制备件的零星采购和加工计划，根据备件计划进行订货和采购。

a. 年、季、月度自制备件计划。

b. 外购备件的年度及分批计划。

c. 铸、锻毛坯件的需要量申请、制造计划。

d. 备件零星采购和加工计划。

e. 备件的修复计划。

③ 备件的经济管理　主要是核定备件储备金定额、出入库账目管理、备件成本的审定、备件的耗用量、资金定额及周转率的统计分析和控制、备件消耗统计和备件各项经济指标的统计分析等。

④ 备件的使用管理　合理的使用备件，备件的使用去向要明确，对替换下来的废旧件要进行回收并加以修复利用。

⑤ 备件的库房管理　备件库房管理包括备件入库时的检查、验收、清洗、涂油防锈、包装、登记入账、上架存放、领用发放、统计报表、清查盘点和备件质量信息的收集等。

⑥ 备件库存的控制　备件库存控制就是对备件进行计划控制，记录和分析（评价）。要求备件系统提供迅速而有效的服务。包括库存量的研究与控制；最小储备量、订货点以及最大储备量的确定等。

2. 备件消耗定额的管理

备件消耗定额的管理，包括定额的制定、修改、执行和考核等具体工作，应着重抓好以下几个方面。

(1) 按专业归口，实行专业分工　设备检修管理部门负责各类设备大、中、小修及日常维修工作中的备件消耗原始记录（包括数量和原因分析）；备件仓库负责建立以设备为单位的备件发放记录；备件管理部门负责收集、整理、统计、研究分析原始资料，制定备件定额。

(2) 实行局、矿分级管理，建立严格的计划供应制度

① 矿务局（集团公司）对矿一般实行综合定额，在编制年度消耗计划时，下达定额指标，按季度（或月）设备维修计划或设备检修单项工程计划，组织实施。

② 矿级定额管理，一般采用3种形式，即定额、定量和资金限额。主要是加强区队定额管理，并与区队经济核算结合起来。

(3) 建立执行定额的管理制度 为了保证定额的贯彻执行，还应该建立一套相应的管理制度。这个制度应当既有利于定额的贯彻执行，又能调动各级管理人员和生产人员的积极性。定额管理制度的内容基本上可以分为两种，一种是与业务有关的制度，另一种是与责任有关的制度。与业务有关的制度主要是关于备件计划、分配、发放、核算、资金管理等具体规定；与责任有关的制度，主要是关于各级备件管理机构和使用单位在定额执行上的职权责，如定额管理的岗位责任制，节约或超支的奖惩制度等。

(4) 做好定额执行情况的检查分析 在定额执行过程中，一方面各级备件部门要做好备件消耗的记录统计和调查研究工作，把备件的入库、出库、消耗动态，及时、正确、系统、全面地记录和反映出来，并且要深入现场调查研究，及时掌握生产第一线使用和消耗备件的情况；另一方面，在统计和调查的基础上，做好定额执行情况考核分析工作，按月、季、年度逐级考核，并分析备件消耗的增减、节约、浪费情况。

(5) 做好定额的修订工作 随着新技术、新工艺、新材料的推广应用以及管理水平的不断提高，备件消耗定额应经常修订，但也要保持相对稳定性。正常情况下，1～2年修订一次为宜。

五、任务讨论

(一)任务描述

1. 根据给定的条件选择最优的备件储备方式。

2. 建议学时：3学时。

(二)任务要求

1. 能够按照分类方法对备件进行分类。

2. 可以根据备件的类别选择最优的备件储备方式。

(三)任务实施过程建议

工作过程	学生行动内容	教学组织及教学方法	建议学时
资讯	1. 阅读分析任务书； 2. 收集相关资料	1. 发放工作任务书，布置任务，学生分组； 2. 用典型案例分析引导学生正确分析任务书的内容、收集资料	0.5
决策	1. 根据收集的资料制定多种备件的储备方法； 2. 分组讨论，选择最佳的储备方法	1. 引导学生进行储备方法的选择； 2. 听取学生的决策意见，纠正不可行的决策方法，引导其最终选择最优的储备方法	
计划	1. 了解备件的分类； 2. 根据备件分类对其分别储存	1. 审定学生的备件分类是否正确； 2. 研究学生选择的储备方法是否可行	0.5
实施	1. 模拟对备件进行分类、储备； 2. 编制备件分类入库表	1. 引导学生对备件进行分类、入库； 2. 对学生编制的备件分类入库表进行审定	1

续表

工作过程	学生行动内容	教学组织及教学方法	建议学时
检查	1. 列举可能在设备检查过程中出现的问题并提出合理解决方案； 2. 对可能出现的相关问题进一步排查	1. 组织学生进行组内自查及组间互查； 2. 与学生共同讨论检查结果	0.5
评价	1. 进行自评和组内评价； 2. 提交成果	1. 组织学生进行组内评及组间互评； 2. 对小组及个人进行评价； 3. 给出本任务的成绩并对任务完成情况进行总结	0.5

(四)任务考核

考核内容	考核标准	实际得分
任务完成过程	70	
任务完成结果	30	
最终成绩	100	

习题与思考

1. 什么叫配件、备件？备件如何分类的？
2. 备件管理的主要内容有哪些？
3. 备件资金定额由哪几部分组成？
4. 备件消耗定额有几种？常采用哪些方法制定？
5. 备件消耗定额管理应着重抓好哪儿方面的工作？
6. 备件储备方式有哪几种？备件储备定额有哪些？

子任务二　备件的订货、验货与码放

学习目标及要求

- 了解备件的采购方式有哪些
- 熟悉备件的检验方法
- 掌握备件仓库管理应做好的几方面工作

一、知识链接

备件可以通过市场采购、自制加工、外协等方式获得。备件管理人员不但要有管理理论，还要有丰富的实践知识，了解备件的消耗情况，了解设备的未来使用计划，认真组织货源，通过合理的订货，保障设备的正常运转和生产的正常进行，尽量减少库存。备件订货方式有定期订货、定量订货和经济批量订购。备件的验收以 ISO2859“计数抽样检查程序表”进行备件抽样检查验收。ABC 分类法在备件管理中应用的主要观点是：A 类备件要严格管理；B 类备件控制进货批量；C 类备件简化管理。仓库管理重点是分类码放、搞好备件的资料和账目管理、做好备件的保养工作以及搞好仓库的清洁工作。

二、任务准备

1. 备件的订货

备件的订货，对于经常消耗的备件一般是按一定的批量、一定的时间间隔进行订购，订购方式通常有定期订货和定量订货两种。

(1) 定期订货　定期订货的特点是订货时间固定，每次订货数量可变。图 5-2 反映订货周期、待货期、储备量、订货点、订货量等多种因素之间的关系。

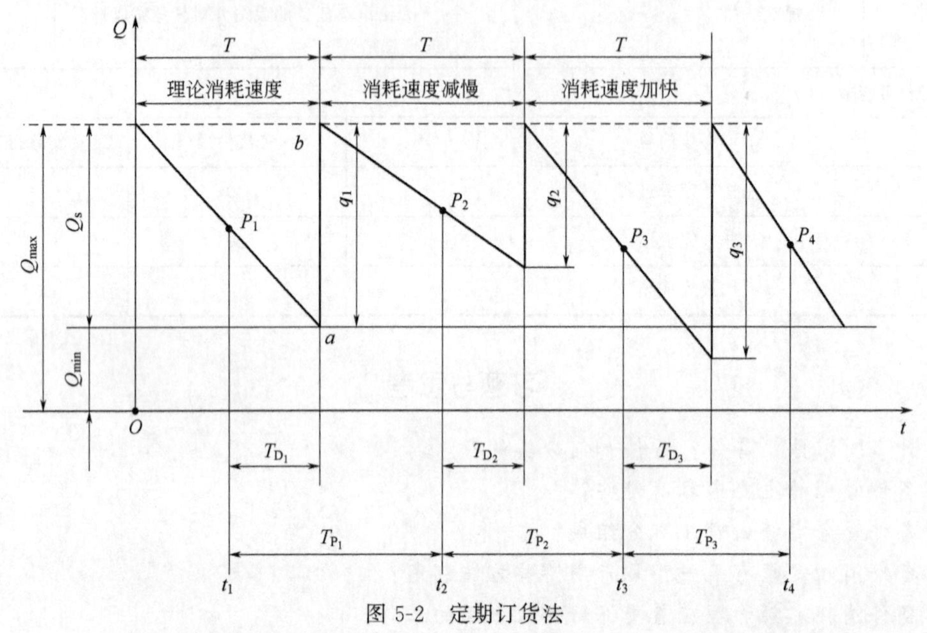

图 5-2　定期订货法

Q_{max}—最高储备量；P—订货点；T—储备恢复期；Q_{min}—保险储备量；q—订货量；T_D—到货间隔期；Q_s—周转储备量；t—订货时间；T_P—订货周期

从图中可以看出定期订货的特点如下。

① 订货周期不变，即 $T_{P_1}=T_{P_2}=T_{P_3}$。

② 订货点的库存量和订货量是随消耗速度变化的，即 $P_1\neq P_2\neq P_3$，$q_1\neq q_2\neq q_3$。

③ 待货期（到货间隔期）在一般情况下是不变的，即 $T_{D_1}=T_{D_2}=T_{D_3}$。

④ 备件消耗速度变化不大。

设时间为 0 时，备件库存量为 Q_{max}，随着设备检修、备件储存量减少，当库存量降到 P_1（订货时间为 t_1）时，计算出订货量 q_1 并组织订货，经过一定的待货期，库存量降到 a 时，新进的备件 q_1 到货，库存量升到 b。再经过订货周期 T_{P1}，到订货时间 t_2，经过清查，库存量为 P_2，算出订货量 q_2，再组织订货。这种订货方式的优点是，因订货时间固定使工作有计划性，对库存量控制得比较严，缺点是手续麻烦，每次订货都必须清查库存量才能算出订货量。它适用于备件需用量变化幅度不大、单价高、待货期可靠的备件。

(2) 定量订货　定量订货的订货周期、待货期、订货点、订货量、储备量、储备恢复期等多种因素之间的关系如图 5-3 所示。

从图中可以看出定量订货的特点如下。

① 各订货点的库存量、订货量相等，即 $P_1=P_2=P_3$，$q_1=q_2=q_3$。

② 订货周期不等，即 $T_{P_1}\neq T_{P_2}\neq T_{P_3}$。

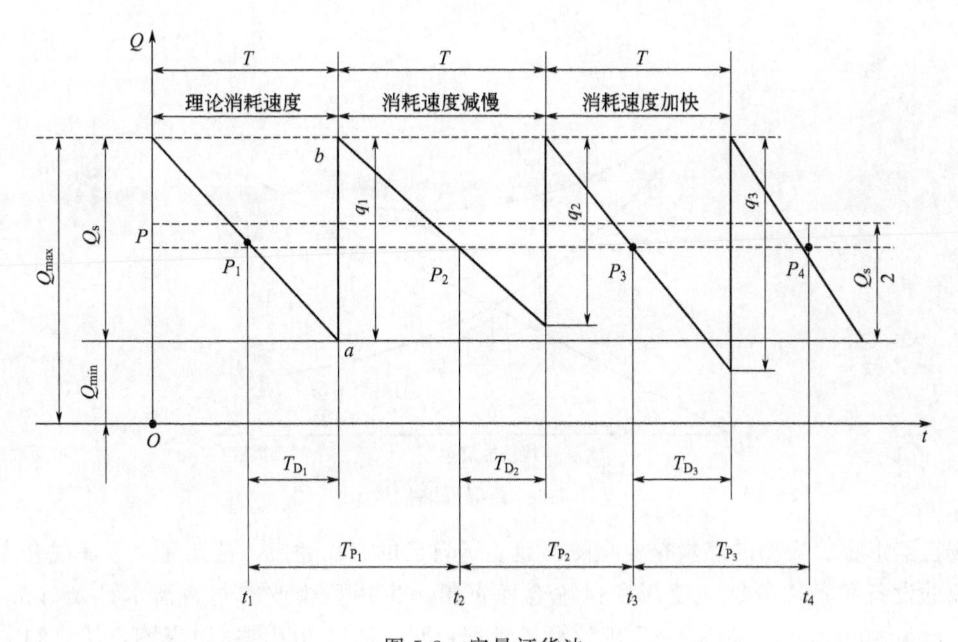

图 5-3　定量订货法

Q_{max}—最高储备量；P—订货点；T—储备恢复期；Q_{min}—保险储备量；
q—订货量；T_D—到货间隔期；Q_s—周转储备量；t—订货时间；T_P—订货周期

③ 待货期（到货间隔期）一般是相等的，即 $T_{D_1}=T_{D_2}=T_{D_3}$。

④ 备件消耗速度变化较大。

设时间为 0 时，备件库存量为 Q_{max}，随着设备检修，备件因消耗库存量减少。当库存量降到规定的订货点 P_1 时，按订货量 q 去订货，经过待货期 T_{P_1}，库存量降到 a 时，新进的备件 q_1 到货，库存量上升 b，经过第一个订货周期，备件库存量又降到规定的订货点 P_2 时，再接 q 去订货，这样反复进行的订货方式即为定量订货。这种订货方式的优点是手续简单、管理方便，只要确定订货点和订货量，按上述过程组织订货即可；缺点是订货时间不固定，最高库存量控制得不够严格，库存量容易偏多。这种订货方式适用于订货量较大、货源充足单价较低、可以不定期订购的备件或批量的自制、外协加工备件。

2. 经济订购批量

经济订购批量是在满足生产需要的前提下，订货费用最小时的备件订购批量。备件的订购费用（如差旅费、管理费等）和仓储保管费用（如仓库管理费、保养费等）是随每次订购批量大小而变化的。从图 5-4 可以看出，每次订购的批量大，每年的订购次数少，则年订购费用小，但备件年平均仓储保管费用增加；每次订购的批量小则相反。备件的年订购费用与年平均仓储保管费用之和有一个最低点，与其对应的订购批量即为经济订购批量，即两次费用的代数和最小时的订购批量。设备件的年需用量为 A，备件的每次订购费用为 C_2，单位备件的年仓储保管费用为 C_3，则经济订购批量 Q_0 可用下式求得：

$$Q_0=\sqrt{\frac{2AC_2}{C_3}} \tag{5-21}$$

三、任务分析

1. 新的备件采购方法

(1) 零库存管理法　随着社会主义市场经济的发展，市场的性质正发生根本性变化，买

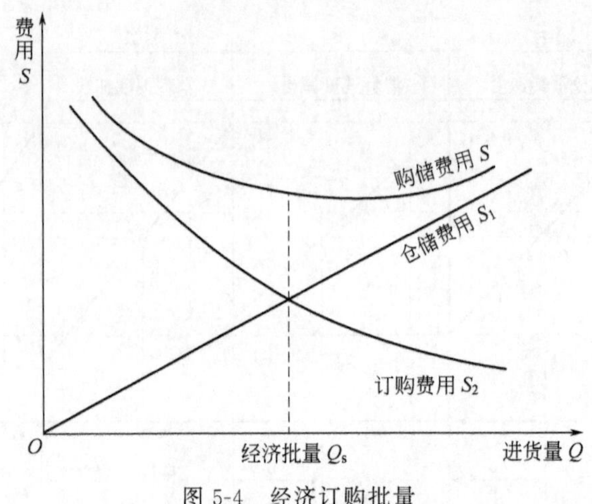

图 5-4 经济订购批量

方市场已经形成。大型的煤炭企业集团已建立了自己的产品超市，甚至建立了保税仓库，中外企业的设备和备件分别在超市和保税仓库寄售。生产型企业的物料需求计划（material requirements planning，MRP）实现计算机管理，产品从销售到原材料采购，从自制零件的加工到外协零件的供应，从工具和工艺装备的准备到设备维修，从人员的安排到资金的筹措与运用，形成一整套新的方法体系，使企业的物料“零库存管理”由设想变为现实。MRP的基本思想是围绕物料转化组织制造资源，实现按需要准时生产。因为生产环节复杂变数多，“零库存管理”没有计算机是实现不了的，它是信息技术应用于生产管理的结果，目前MRP软件越来越成熟。

产品超市、保税仓库和MRP，再加上发达便捷的物流，为备件的采购和管理提供了一种新模式，即“零库存管理法”。零库存管理使企业无需自己的仓储，供货商实行产品寄售，不占用需方流动资金，因此其购储成本最低。

(2) 网络采购法 随着互联网的普及，电子商务、网络营销也应运而生，网上销售、订购已经在企业得到了很好的实践，网络采购也降低了备件的采购成本。

(3) 目标函数法 以采购成本最低为目标，在备件年用量一定的前提下，求出最经济的采购次数。将购储费用 C 定义为函数 Y，要求 Y 值愈小愈好，备件的年用量 A 为常量，采购批次 n 为变量，A/n 为一次采购批量 Q_0，由此得出关系式为：

$$Y=C_2+\frac{A}{n}C_3+n(300+60) \tag{5-22}$$

其约束条件如下。

①一年只允许出差一次，订货成本 C，包括车费、住宿费、补助费等。

② 中转费用是指企业到货站取货的费用，包括车费和人工费。一般城市的中转费用控制在 300 元以内，电话联系费用每次控制在 60 元以内。

③ 库存电费、房屋修缮费、损耗、占用资金的利息等金额较小，忽略不计。

④ n 取整数且不超过 12，超过 12 也取 12，因为一年 12 个月。

由于网络采购没有出差费，保持了中转费和电话费用，则网络采购的购储费用为：

$$Y=\frac{A}{n}C_3+n(300+60) \tag{5-23}$$

【例 5-5】 某企业备件年需用量为 1200 件，每次订货费 500 元，备件单价为 80 元，单件年保管费率为10%，分别用分批订货、经济批量采购、目标函数采购、网络采购等方法，计算其购储费用。

解：已知 $A=1200$，$C_2=500$，$C_3=80\times10\%=8$，求购储费用 Y。

① 分批订货

一次订货　1200件，消耗费用为：

$$Y_1=1\times500+1200\times8=10100(\text{元})$$

二次订货每次600件，消耗费用为：

$$Y_2=2\times500+600\times8=5800(\text{元})$$

三次订货每次400件，消耗费用为：

$$Y_3=3\times500+400\times8=4700(\text{元})$$

四次订货每次300件，消耗费用为：

$$Y_4=4\times500+300\times8=4400(\text{元})$$

五次订货每次240件，消耗费用为：

$$Y_5=5\times500+240\times8=4420(\text{元})$$

六次订货每次200件，消耗费用为：

$$Y_6=6\times500+200\times8=4600(\text{元})$$

② 经济批量采购

$$Q_0=\sqrt{\frac{2AC_2}{C_3}}=\sqrt{\frac{2\times1200\times500}{8}}=387(\text{件})$$

Q_0 取400，年分三次订货，消耗费用为：

$$Y=3\times500+400\times8=4700(\text{元})$$

③ 目标函数采购

$$Y=C_2+\frac{A}{n}C_3+n(300+60)=500+1200/n\times8+n(300+60)$$

当 $1200/n\times8=n\ (300+60)$ 时，Y 有极小值。求得 $n=5.16$，取 $n=5$，则

$$Y=500+1200/n\times8+n(300+60)=4220(\text{元})$$

④ 网络采购

$$Y=\frac{A}{n}C_3+n(300+60)=1200/5\times8+5\times(300+60)=3720(\text{元})$$

结论：就本例而言，网络采购肯定优于其他采购方式，目标函数采购优于分批采购和经济批量采购。但在实际采购中，要充分考虑货物的确定性、采购成本、运输成本、仓储费用等诸多因素，才能确定采用何种采购方法。

2. 控制库存的ABC管理法

(1) 库存备件的分类　维修备件种类繁多，各类备件的价格、需要量、库存量和库存时间有很大差异。对不同种类、不同特点的备件，应当采取不同的库存量控制方法。控制库存的ABC管理法是一种从种类繁多、错综复杂的多项目或多因素事物中找出主要矛盾，抓住重点，照顾一般的管理方法。ABC管理法把库存备件分为三类。

① A类备件　A类备件是关键的少数备件，但重要程度高、采购和制造困难、价格贵、储备期长。这类备件占全部备件的15%～20%，但资金却占全部备件资金的65%～80%。对A类备件要重点控制，利用储备理论确定储备量和订货时间，尽量缩短订货周期，增加

采购次数，加速备件储备资金周转。库房管理中要详细做好备件的进出库记录，对存货量应做好统计分析和计算，认真做好备件的防腐、防锈保护工作。

② B类备件　其品种比A类备件多，占全部备件的30%～40%，占用的资金却比A类备件少，一般占用全部备件资金的15%～20%。B类备件的安全库存量较大，储备可适当控制，根据维修的需要，可适当延长订货周期、减少采购次数。

③ C类备件　其品种占全部备件的40%～55%，占用资金仅占全部备件资金的5%～15%，对C类备件，根据维修的需要，储备量可大一些，订货周期可以长一些。

(2) 库存备件的管理　对A类备件要严格管理，按备件储备定额进行实物量和资金额控制，确定合理的供货批量和供应时间，做到供应及时、储备降低；对B类备件按消耗定额和储备定额，分类控制储备资金，按供应难易程度控制进货批量；对C类备件只按大类资金控制，其中单价低且经常消耗的备件可一次多进货，以减少采购费用，简化管理。

四、任务实施

1. 备件的验收

把好入库验收关是提供合格备件的关键。备件入库前要进行数量和质量验收，查备件的品种规格是否对路，质量是否合格，数量是否齐全。验收的依据是定货合同和备件图纸(样)。对于标准件通用件，根据采购计划和备件出厂检验合格证进行验收；属于专用备件，要按外协加工订购备件的要求进行验收；对于进口备件，要按合同约定的技术标准（如进口国标准、国际标准、出口国标准）进行验收。

(1) 全数检验

① 全数检验的一般内容

a. 外观检查：检查备件包装有无损坏，备件表面有无划痕、砂眼、裂缝、损伤、锈蚀和变质等；

b. 尺寸和形位检验：检验备件的几何尺寸和形位偏差；

c. 物理性能检验：如硬度、机械强度、电气绝缘和耐压强度等检验；

d. 隐蔽缺陷检验：对关键备件进行无损探伤（工业CT），查明材料质量和焊接质量等。

② 全数检验的适用范围

a. 当检验费用较低、批量不大、且对产品的合格与否比较容易鉴别时，就采用全检验收；

b. 对于精密、重型、贵重的关键备件，若在产品中混杂进一个不合格品将造成致命后果的备件，必须采用全检；

c. 随着检测手段的现代化，许多产品可采用自动检测线进行检测，最近产品又有向全检发展的趋势。

③ 全数检验存在的问题

a. 在人力有限的条件下全检工作量很大，要么增加人员、增添设备和站点，要么缩短每个产品的检验时间，或减少检验项目；

b. 全检也存在着错检漏检。在一次全检中，平均只能检出70%左右的不合格产品；检验误差与批量大小、不合格品率高低、检验技术水平、责任心强弱等因素有关；

c. 不适用于破坏性检测等一些检验费十分昂贵的检验；

d. 对价值低批量大的备件采用全检很不经济。

(2) 抽样检验

抽样检验是从一批备件中随机抽取一部分备件（样本）进行检验，以样本的质量推断整体质量。

① 抽样检验的适用范围　抽样检验的适用范围是：量多低值产品的检验，检验项目较多、希望检验费用较少的检验。

② 抽样检验结果的判断标准　抽样检验结果的判断标准有：GB/T 2828.1—2003《计数抽样检验程序第 1 部分：按接收质量限（AQL）检索的逐批检验抽样计划》，GB/T 2829—2002《周期检验计数抽样程序及表（适用于对过程稳定性的检验）》，GB/T 8051—2002《计数序贯抽样检查程序及表》，GB/T 8052—2002《单水平和多水平计数连续抽样检查程序及表》等标准，国际标准化组织（ISO）颁布的有 ISO 2859 计数调整型抽样检验等系列标准。

2. 仓库管理

备件通过验收后，要放进仓库进行保管、发放，因此仓库管理也是备件管理的一部分。由于备件本身技术性很强，备件仓库管理往往需要机电部门的密切配合，或直接由技术人员担任这项工作。仓库管理如果不当，造成规格混杂，缺套丢件，锈蚀变质，将随时可能影响生产，甚至造成事故。一些大的矿业集团都有自己的机械化、现代化仓库，实行计算机管理，采用高层货架，取存备件完全靠机械手操作。但不论什么样的仓库，都应做好以下工作。

(1) 仓库设计合理　仓库设计合理应考虑仓库的实用性，进出货装卸方便，便于备件合理分类、堆码，满足通风防火等方面的要求。

(2) 分类码放　矿山备件品种繁多，技术性能各异，储存放置条件要求也各不相同，要进行合理的分类。如仪表备件、采矿设备备件以及可室外露天堆放的备件等。要根据具体情况做出合理布置，本着既提高仓库利用率、降低保管费用，又易于查找拿放。备件应接类别目录编号存放，采取“四号定位”、“五五摆放”等方法，做到标记鲜明、整齐有序、放置合理。

“四号定位”的四号就是备件所在的库号、架号、层号、位号，表示备件存放的位置。任何备件都要固定位置，对号入座，并在该备件的货架上挂上标签，使标签和库存明细账、卡的货号一致，发料时只要弄清备件所属主机名称、备件名称、规格，在账、卡上查明货号，就可以找到相应的库、架、层、位，从而做到迅速准确发放。

“五五摆放”就是根据备件的性质和形状，以五为计量基数，成组存放，这样摆放整齐美观，过目知数，便于清点。对于能够上架的备件要本着“上轻、下重、中间常用”的原则摆放，对于不能上架的大型备件，应放置门口附近或有起重设施的位置，以便搬运，对于精密件要存放在条件适宜的位置或货架上。

(3) 搞好备件的资料、账目管理　备件经验收入库后，就需登记立卡，建明细账。明细账分门别类地记录备件的名称、规格、重量、单价、单位、进货日期、出库时间、领货人等。备件卡是在备件货位上的一种卡片，主要栏目有备件名称、规格、主机、收付动态信息等。仓库管理人员要勤登记，勤统计，随时做到账卡一致，保证账、卡、物、金额“四对口”。对库存情况、合同到货情况以及各领用单位的备件使用情况，要做到心中有数。

(4) 做好备件的保养工作　备件的维护保养是根据备件的物理化学性质、所处环境等，采取延缓备件变化的技术措施，它包括库房的温度、湿度控制，防腐、防锈、防霉等化学变化，防损伤、弯曲、变形、倒置、震动等物理损伤。

五、任务讨论

(一)任务描述

1. 根据给定的条件进行备件的采购并验收。

2. 建议学时:3学时。

(二)任务要求

1. 能正确地进行设备的选型、购置和验收。

2. 能签订煤矿机电产品买卖合同。

3. 能按验收程序、验收内容进行设备验收,并对验收过程中出现的问题进行处理。

(三)任务实施过程建议

工作过程	学生行动内容	教学组织及教学方法	建议学时
资讯	1. 阅读分析任务书; 2. 收集相关资料	1. 发放工作任务书,布置任务,学生分组; 2. 用典型案例分析引导学生正确分析任务书的内容、收集资料	0.5
决策	1. 根据收集的资料制定多种采购方案; 2. 分组讨论,选择最佳购置方案	1. 引导学生进行采购方案的选择; 2. 听取学生的决策意见,纠正不可行的决策方法,引导其最终得到最佳方案	
计划	1. 确定备件采购程序; 2. 讨论确定验收内容	1. 审定学生编写的采购程序内容; 2. 组织学生互相评审; 3. 引导学生确定计划方案	0.5
实施	1. 填写完整的备件采购合同; 2. 编写设备验收单; 3. 列举可能在验收过程中出现的问题并提出合理解决方案	1. 设计可能出现的验收问题,引导学生给出解决方案; 2. 对合同内容进行审定	1
检查	1. 检查合同、验收单的内容; 2. 对可能出现的相关问题进一步排查	1. 组织学生进行组内互查及组组互查; 2. 与学生共同讨论检查结果	0.5
评价	1. 进行自评和组内评价; 2. 提交成果	1. 组织学生进行自评及组内评价; 2. 对小组及个人进行评价; 3. 给出本任务的成绩并对任务完成情况进行总结	0.5

(四)任务考核

考核内容	考核标准	实际得分
任务完成过程	70	
任务完成结果	30	
最终成绩	100	

习题与思考

1. 简述定期订货和定量订货的具体过程。

2. 备件新的采购方法有哪些?

3. 备件全数检验的一般内容包括哪些方面?

4. ABC管理法把种类繁多的备件分为哪几类?

5. 仓库管理应做好哪几方面的工作?

任务六　煤矿机电设备的改造与更新管理

学习目标及要求

- 了解设备的几种寿命
- 了解设备技术改造的意义
- 掌握设备改造的技术分析方法
- 能够对设备改造方案进行决策

一、知识链接

设备的改造，是指对机器设备的结构做某些局部的改变，改善它的性能，提高其精度和生产效能。设备的改造，本质上也是一种更新，它是在原有设备基础上运用现代技术成就和先进经验来改变旧设备的结构，给旧设备装上新部件、新装置，以提高和改善现有设备的生产技术性能和效率，使它达到或接近新型高效设备的功能水平。设备的更新从广义讲，是指设备的修理、更换和技术改造。从狭义讲设备的更新是指更换。设备更新可分为两种：设备的原型更新与技术更新。设备的原型更新是指用结构相同的新设备替换由于有形磨损严重、在技术上不宜继续使用的旧设备。这种简单更换不具有技术进步的性质，只解决设备的损坏问题。设备的技术更新是指在技术进步的基础上，制造出新设备来代替旧设备。新设备与旧设备相比较，不仅结构性能好、效率高、安全，而且节约能源和原材料，有利于环保，符合人机工程学。因此，在设备更换时，企业应积极采用技术更新。

设备的改造和更新是生产发展、技术进步的必然要求，其目的都是为了提高企业生产的现代化水平。设备在使用过程中，随着运转时间的延长，零部件逐渐磨损，性能逐渐劣化。维修虽能减轻磨损程度，防止设备损坏，恢复设备良好状态，但是却无法解决设备陈旧一类的无形磨损问题。如果说在过去技术进步缓慢的条件下，设备故障是设备管理的主要问题，那么在当今科学技术飞速发展的条件下，设备陈旧便成了设备管理的主要问题。因此，当设备超过了最佳使用期后，一般就应更换。但是更换设备需要资金，还要有相应的新型设备。受这两个因素的制约，使企业在加强设备管理方面就不能仅限于研究设备的维修技术、组织和方法，还必须考虑如何提高设备维修的综合经济效益和设备的技术进步，必须重视对陈旧设备的改造与更新工作。

二、任务准备

1. 设备的改造

(1) 设备改造的意义

① 设备技术改造是扩大再生产的主要途径　设备的技术改造是用先进的技术代替落后的技术，是从生产的具体需求出发来改造设备，是与生产要求紧密结合的，因此，它的针对性强，对生产的适应性高，从而大大提高了劳动生产率，扩大了企业生产规模，保持企业技术进步，使企业设备性能和运行质量保持先进水平。

② 设备技术改造是提高经济效益的重要手段　设备技术改造由于充分利用现有设备的物质基础、企业的经营管理人员、技术人员、生产工人和现代科学技术，把旧的通用设备改为专用设备、自动化或半自动化设备等，使拥有的构成比向先进的方向转化，从而提高了产品的竞争能力。据统计，通过设备技术改造满足市场对产品的需求，投资一般可节省 2/3，材料可节约 60%，建设时间可缩短 1/2 以上。企业不断将先进技术用于生产实际中去，使劳动力节省，产量增加，产品质量提高，成本降低，从而提高了企业的经济效益。

③ 设备技术改造是实现国民经济可持续发展的需要　资源是有限的，尤其是在人类存续期间不可再生的煤炭资源。我国国民经济的能源结构中煤炭占近 70%，如果我们能充分利用现有资源，就能既满足当代人的需要，又不削弱子孙后代的需要，实现国民经济的可持续发展。

(2) 设备技术改造应遵循的原则　企业设备的技术改造是一项复杂而细致的工作，要根据生产发展需要，结合本企业具体情况，综合考虑技术上的先进性、经济上的合理性、工艺上的可能性和生产上的安全性。在进行这项工作时，应遵循以下原则。

① 要在原有设备基础上，结合设备的大修进行技术改造。它既要消除有形磨损，也要消除无形磨损。

② 在技术改造过程中，要注意把学习和创新结合起来。认真学习国内外有关成就和经验，并注意结合本企业实际，依靠科技人员和广大职工的智慧与力量，同时又要不断采用新技术、新装备，加速技术改造步伐，促进企业技术进步。

③ 坚持生产、改造两手抓。工业生产为技术改造提供了物质和资金条件，技术改造又促进了生产力的发展，两者相辅相成。企业应在抓生产的同时，搞好技术改造工作，做到统筹兼顾、相互支持。

④ 要注意把专业队伍重点项目的攻关同群众性的合理化建议结合起来，广泛发动群众献计献策，在技术改造之前，必须进行可行性研究，只有通过财务评价、国民经济评价、可持续发展评价的项目才可组织贯彻实施。以提高企业经济效益、社会效益和环境效益为目标。

(3) 煤矿企业设备技术改造的重点　近年来，煤矿事故屡次发生，暴露出诸多问题。其中生产装备超期服役，老化落后，工业化程度低，技术创新能力不足，先进技术普及推广和改造的格局没有形成是主要问题。今后，煤矿企业设备技术改造的重点应是：煤层瓦斯含量及涌出量测定、安全检测仪表、矿井通风及设备、煤矿电气化及自动化控制装备、煤矿瓦斯抽放技术、煤矿瓦斯突出防治技术、洁净煤技术、掘进与巷道支护技术、综合利用与矿区环保技术等。

2. 设备更新

设备更新是企业经营管理中一个重要的决策内容，是一个复杂的经济活动，因为它直接关系着企业的投资收益和社会利益，因此，设备更新应遵循以下原则。

(1) 宏观原则

① 应与国家宏观发展目标相一致。国家发展目标可划分为政治目标、经济目标、社会目标。通过设备更新促进技术进步，实现经济持续增长、公平分配、充分就业、社会稳定、巩固国防。

② 应符合科学技术发展的规律。从整体上把握科学技术发展的趋势，选择正确的技术发展方向。

③ 应与其制约因素相适应。设备更新的制约因素有需求制约、价格制约、资源要素制约、环境制约等。

④ 应与国际先进国家接轨。我们的市场是国际市场，产品要服务全人类，其设备选择必须依据国际准则。只有掌握了世界各国科技发展的动向与政策，产品或服务才能满足国际市场的要求，才有企业更大的生存与发展空间。

(2) 微观原则

① 能对原有设备替代或升级，以促进技术进步。

② 能与现有技术衔接。考虑原企业生产系统的设备、工艺技术条件的衔接情况。

③ 产品应有创新性、先进性、实用性。

④ 应符合国际国内的标准。

⑤ 要与劳动力素质相一致。劳动力素质高低对设备效能的发挥、产品质量的高低有极大影响。

⑥ 应考虑生产产品所需资源。这些资源应满足就近、优质、廉价、充足地供应的要求。

⑦ 应考虑生产产品的市场容量。设备投资收益率的高低取决于它所生产产品在市场的销售量和价格。

⑧ 必须具备合法性。所选设备的技术领域、技术等级应与国家的产业政策、部门的技术政策、行业的技术标准相融合。

三、任务分析

机器设备在使用（或闲置）过程中，会逐渐发生磨损。磨损分为有形磨损和无形磨损两种形式。

1. 设备的有形磨损

(1) 设备有形磨损的概念　机器设备在使用（或闲置）过程中所发生的实体磨损称为有形磨损，亦称物质磨损。

引起设备有形磨损的主要原因是在生产过程中对设备的使用。运转中的机器设备，在外力的作用下，其零部件会发生磨损、振动和疲劳，以致机器设备的实体发生磨损。这种磨损通常表现在以下几个方面。

① 机器设备零部件的原始尺寸发生改变，甚至形状也会发生变化。

② 公差配合性质发生改变、精度降低。

③ 零部件损坏。

有形磨损可使设备精度降低，劳动生产率下降。当这种有形磨损达到一定程度时，整个机器的功能就会下降，发生故障，导致设备使用费用剧增，甚至难以继续正常工作，失去工作能力，丧失其使用价值。

自然力的作用是造成有形磨损的另一个原因，这种磨损与生产过程中的使用无关。如金属件生锈、腐蚀、橡胶件老化等。设备闲置时间长了，会自然丧失精度和工作能力，失去使用价值。以上两种有形磨损都是从设备本身就可以看出的，它们能使设备的价值和使用价值降低。

(2) 设备有形磨损规律　在设备的整个寿命周期内，随着使用时间的推移、设备的磨损速度和程度是不平衡的。机器设备在使用过程中，其磨损规律可以用图 6-1 表示。

从图中可以看出设备磨损分 3 个阶段：初期磨损阶段、正常磨损阶段（或叫平稳磨损阶段）、急剧磨损阶段。

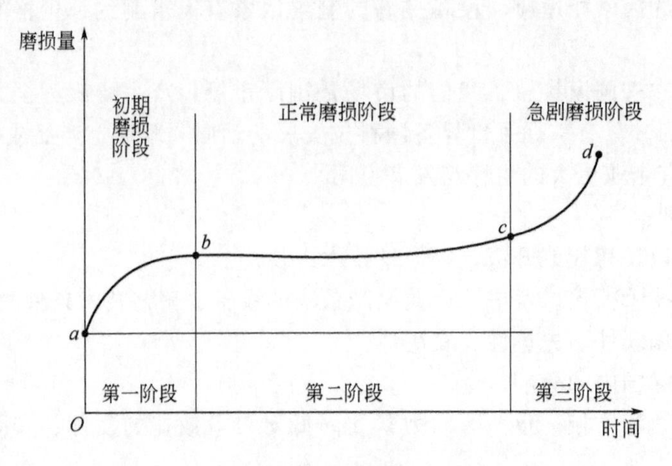

图 6-1　设备有形磨损曲线图

第一阶段：初期磨损阶段，新机器设备零部件表面凸凹不平，设备投入运营后，经过啮合、转动，表面相互接触摩擦，使零部件适应运转状态，外表棱刺很快磨平，表现出磨损速度上升较快。因此，在新设备投产，开始运转，处于初期磨损时期，要加强检查，及时调整，以减少磨损。

第二阶段：正常磨损阶段，由于设备相互之间配合比较融洽，相互间适应增强，因而在这段时间内磨损较小且稳定时间较长，磨损量增加缓慢。这个阶段的时间长短在相当程度上取决于设备的运转时间、负荷强度以及设备在运转过程中的维护保养及修理情况。因此，在这个时期，要加强设备的维护保养。

第三阶段：急剧磨损阶段，当设备的磨损超过一定限度，正常磨损关系被破坏，磨损率急剧上升，以致设备的工作性能急剧降低，这时如果不停止使用，设备就可能被损坏。一般情况下，应在合理磨损极限点之前，即正常磨损阶段后期，就要认真研究设备修理的维修性，也就是对比修理、改造、更新的经济效果，进行决策。

设备在整个寿命周期内，磨损的发展变化及其内部的相互关系，就是设备的磨损规律。研究认识设备的磨损规律，遵循磨损规律的客观要求，正确合理地使用设备，可以减轻设备的磨损，保持良好的工作性能，延长设备的使用寿命，为生产顺利进行创造有利条件。

(3) 有形磨损的度量　有形磨损的技术后果是导致设备的使用价值降低，甚至完全丧失使用价值；经济后果是使设备的价值逐步下降，产品成本升高。

有形磨损的度量可以采用技术指标，也可采用价值指标。价值指标的度量方法之一是补偿费用法，其关系式是：

$$L_V=\min\{(K_N-S),F_r\} \tag{6-1}$$

式中　L_V——有形磨损的价值损失；

K_N——原有设备的再生产价值；

S——设备残值；

F_r——消除有形磨损的修理费用。

(4) 故障规律　设备在使用期内，磨损的发展变化使设备发生这样或那样的故障。设备的故障一般分为两类：突发故障和劣化故障。突发故障的时间是随机性的，而且故障一旦发生就可能使设备完全丧失功能，必须停产修理。劣化故障是由设备性能逐渐劣化所造成的故障，一般来说这类故障的发生有一定的规律。在设备管理中研究故障是为了掌握设备在使用过程中故障出现的规律而加以预防，使设备可靠地运转。设备的故障率与设备的新旧程度有很大的关系，刚投产的新设备及寿命后期的老设备故障率都较高，如图 6-2 所示分为 3 个时期。初期故障期，故障率高，主要由于材料缺陷、制造质量和操作不熟练等原因造成；偶发故障期，设备已进入正常运转阶段，故障率低，发生故障的原因多属于维护不当或操作失误等一些偶然因素造成；磨损故障期，设备中的许多零部件加速磨损老化，或已经磨损老化，故障率上升并不断发展。

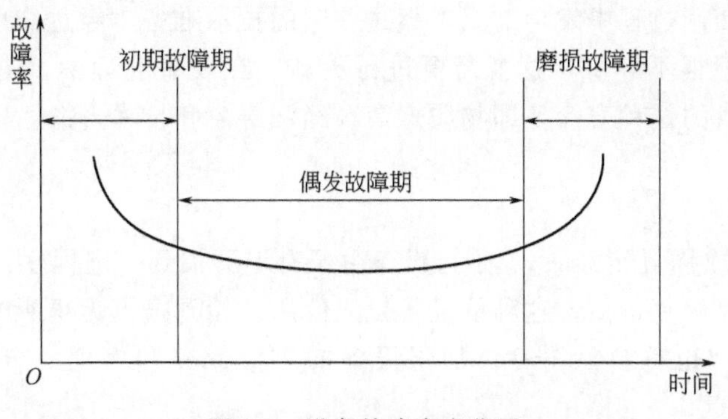

图 6-2　设备故障率变化图

认识设备的故障规律，可以针对设备不同时期的问题，分别采取相应的措施进行管理，降低故障的发生率，提高生产的计划性。

2. 设备的无形磨损

（1）设备无形磨损的概念　机器设备除遭受有形磨损之外，还遭受无形磨损（精神磨损）。无形磨损不是由于生产过程中的使用或自然力的作用造成的，所以它不表现为设备实体的变化，而表现出设备原始价值的贬值。无形磨损按形成原因也可分为两种形式。

① 第一种形式由于设备制造工艺不断改进，成本不断降低，劳动生产率大幅度提高，原材料、动力消耗减少，生产相同结构设备所需的社会必要劳动减少，因而机器设备的市场价格降低，这样就使原来购买的设备价值相应贬值了。这种无形磨损的后果只是现有设备的原始价值部分贬值，设备本身的技术特性和功能即使用价值并未发生变化，故不会影响现有设备的使用，只需对原有设备进行重新估价。

② 第二种形式是由于技术进步，社会上出现了结构更先进、技术更完善、生产效率更高、耗费原材料和能源更少的新型设备，而使原有的机器设备在技术上显得陈旧落后。它的后果不仅是使原有设备价值降低，而且会使原有设备局部或全部丧失其使用价值。这是因为，虽然原有设备的使用期还未达到其物理寿命，能够正常工作，但由于技术上更先进的新设备的发明和应用，使原有设备的生产效率大大低于社会平均生产效率，如果继续使用，就会使产品成本大大高于社会平均成本。在这种情况下，由于使用新设备比使用旧设备在经济上更合算，所以原有设备应该被淘汰。一般来说，技术进步越快，无形磨损也就越快，原有设备淘汰也就越快。

（2）无形磨损的度量　第一种无形磨损的价值损失等于设备的原来价值和现在的再生产价值之差，即：

$$L_{i01}=K_0-K_N \tag{6-2}$$

式中 L_{i01}——第一种无形磨损的价值损失；

K_0——设备的原来价值；

K_N——该型号设备的再生产价值。

第二种无形磨损的价值度量是将先进设备和原有设备在制造成本、使用费用和生产成果进行综合比较后才能得出。

四、任务实施

1. 设备更新的技术经济分析

设备的更新不是简单的替换，更新的实质是以先进设备取代落后设备，以高效设备取代一般设备。设备在使用过程中发生磨损，超过一定的技术准备，经过修理仍然恢复不了使用性能；或者进行修理很不经济，这就需要进行更新。在设备管理中，决定设备的更新改造时，要同时考虑设备的3种寿命，即物质寿命、经济寿命和技术寿命，以便确定设备的最优更新期。

（1）设备的3种寿命

① 物质寿命（或称自然寿命） 是指设备由于有形磨损到一定程度，就会丧失技术性能和使用性能，且又无修复价值。这种从设备投入使用开始到报废为止所经历的整个时间，称为设备的物质寿命，也称自然寿命。加强设备的维护保养和修理，能够延长设备的物质寿命。

② 经济寿命 是指设备在物质寿命后期，由于设备老化，使用费用（包括能源消耗费用、维护保养和修理费用等）日益增加。依靠大量使用费用来维持设备的物质寿命，经济上不一定是合理的，又无大修和改造价值。这种由使用费用决定的设备使用时间，就称为设备的经济寿命。其报废界限是综合效益低劣又有新设备可更新的时间。

③ 技术寿命 由于科学技术的迅猛发展，在设备使用过程中出现了技术上更先进，经济上更合理的新型设备。新设备应用和推广以后，致使原有设备在物质寿命尚未结束以前就被淘汰。这种从设备投入使用开始，直至因技术落后而被淘汰为止所经历的时间，称为设备的技术寿命，也称技术老化周期。

从上述设备的3种寿命可知，设备不一定要等到物质寿命的终结时才更新。随着科学技术的飞速发展，技术寿命、经济寿命往往大大短于设备的物质寿命。依靠高额的使用费用来维护设备的寿命，在经济上是不合理的。因此，在设备更新时，既要考虑到设备的物质寿命，也要考虑技术寿命和经济寿命，来确定最优更新期。

（2）设备寿命周期费用的组成 设备寿命周期费用（life cyele cost，LCC）是指设备一生所花费的总费用，包括4个方面：研制费用；生产与施工费用；使用与维修费用；淘汰与处理费用。其中研制费用、生产与施工费用之和称为设备的原始费用；使用费用、维修费用、淘汰与处理费用之和称为运行费用。

① 研制费用 研制费用包括系统管理费用、系统规划费用、系统研究费用、工程设计费用、编制设计文件费用、编制系统软件费用、系统试验鉴定费用等。

② 生产与施工费用 生产与施工费用包括生产与施工管理费、工程管理分析费、制造（设备、材料、生产装配、检验等）费、设施（设备环境）费、质量控制费、初次后勤保障费、运输费、装卸费等。

③ 使用与维护费用 使用与维护费用包括设备寿命周期管理费、系统使用费、系统分配费、系统维护费、被监测物质保障费、操作与维护工培训费、技术文件资料费、系统技术

改造费等。

④ 淘汰与处理费用　淘汰与处理费用包括不可修复件处理费、系统淘汰费、编制文件费等。

(3) 设备经济寿命计算方法　由设备原始费用和运行费用的特点可以看出设备的经济寿命，即年平均总费用成本最低的那一年，就是该类设备的合理经济寿命。

① 不考虑资金时间价值的年平均总费用法　其计算公式为：

$$AC(N)=\frac{P-L_N}{N}+\frac{1}{N}\sum_{j=1}^{N}C_j \tag{6-3}$$

式中　$AC(N)$——设备使用 N 年时，年平均总费用；

P——设备的原始费用；

L_N——第 N 年的设备残值（或转让价格）；

C_j——第 j 年设备的运行费用；

N——设备第 N 年更换。

若 $AC(N)$ 最小，则设备的经济寿命为 N^*。

② 考虑资金时间价值的年平均总费用法　其计算公式为：

$$AC(N)=\left[P+\sum_{j=1}^{N}C_j(1+i)^{-j}-L_N(1+i)^{-N}\right](A/P,i,N) \tag{6-4}$$

式中　i——利率或基准收益率；

$A/P、i、N$——资金回收系数。

其他符号意义同前。

当 $AC(N)$ 最小时，则设备经济寿命为 N^*。

【例 6-1】 某矿井用 10000 元购入一设备，经预测此设备物质寿命为 8 年，使用后逐年的运行费用见表 6-1，该矿基准收益率为 10%，设设备残值为 0，试求此设备的经济寿命。

表 6-1　设备逐年运行费用表　单位：元

年限	1	2	3	4	5	6	7	8
运行费用	500	1000	1800	2600	3500	4500	6500	9600

解： 将表中数据依次代入 $AC(N)=\left[P+\sum_{j=1}^{N}C_j(1+i)^{-j}-L_N(1+i)^{-N}\right](A/P,\ i,\ N)$

得 $AC(1)=11499.95$(元)　$AC(2)=6497.57$(元)

$AC(3)=5078.18$(元)　$AC(4)=4538.55$(元)

$AC(5)=4376.62$(元)　$AC(6)=4392.56$(元)

$AC(7)=4598.68$(元)　$AC(8)=5033.25$(元)

因为 $AC(5)=4376.62$ 元最小，所以此设备的经济寿命为 5 年。

③ 设备低劣化值计算法　设备在使用过程中，由于磨损逐渐加剧，设备的年运行费用逐年递增，这种现象称为设备的低劣化。若这种低劣化以每年 λ 的数值等额增加，则设备使用第 N 年时的运行费为：

$$C_N=C_1+(N-1)\lambda \tag{6-5}$$

设备使用 N 年时，年平均总费用为：

$$AC(N)=\frac{P-L_N}{N}+C_1+(N-1)\frac{\lambda}{2} \tag{6-6}$$

式中 C_1——设备使用第一年的运行费用；

其他符号意义同前。

确定设备经济寿命，即计算 $AC(N)$ 为最小时，N 为几年。一般设 L_N 为常数，求 AC 的极小值。

【例 6-2】 某设备原始费用 10000 元，第一年运行费用 5000 元，以后每年增加 800 元，设残值为 0，试求该设备的经济寿命和对应的年平均费用。

解： 将数据代入公式 $AC(N)=\frac{P-L_N}{N}+C_1+(N-1)\frac{\lambda}{2}$

$$AC(N)=\frac{10000-0}{N}+5000+(N-1)\frac{800}{2}$$

令 $\frac{dAC(N)}{dN}=0$，解得 $N=5$ 年

$$AC(5)=\frac{10000-0}{5}+5000+(5-1)\times\frac{800}{2}=8600\text{ 元}$$

即该设备的经济寿命是 5 年，5 年的年平均费用是 8600 元。

2. 设备大修、改造与更新的方案决策

设备磨损形式不同，所采取的补偿方式也不同。一般补偿可分为局部补偿和完全补偿。设备有形磨损的局部补偿是修理；设备无形磨损的局部补偿是现代化技术改造；有形磨损和无形磨损的完全补偿是更新。设备的磨损经过补偿，才能恢复和保持良好的技术状态。

(1) 设备的大修　设备的大修是指通过调整、修复或更换磨损的零部件来恢复设备的精度、生产效能，恢复零部件或整机的全部或接近全部的功能，达到或大致达到设备原有出厂水平。

设备大修的经济界限是一次大修理的费用（R）必须小于在同一年份该种新设备的再生产价值（K_n）。采用这一评价标准，还应考虑设备的残值（L）因素，如果设备在该时期的残值加上大修的费用等于或大于新设备价值时，则该大修费用在经济上是不合理的，此时宁可去买新设备也不进行大修，所以大修理的条件为：$R<K_n-L$。

设备大修方案的经济性如何，其评价标准是在大修后使用该设备生产的单位产品的成本，在任何情况下，都不超过用相同新设备生产的单位产品成本，这样的大修在经济上才是合理的。

设备大修的经济效果取决于在大修后的设备上与在新设备上加工单位产品的成本比例关系或两者成本之差。

即
$$I_Z=C_Z/C_N\leqslant 1 \tag{6-7}$$
$$\Delta C_Z=C_N-C_Z\geqslant 0 \tag{6-8}$$

式中 I_Z——大修后设备与新设备加工单位产品成本的比值；

C_Z——在大修后的设备上加工单位产品的成本；

C_N——在新设备上加工单位产品的成本；

ΔC_Z——新设备与大修后设备加工单位产品成本的差额。

(2) 设备的技术改造　技术改造是花钱少、用时短（矿井的主提升设备、主通风机若更新，矿井停产时间长，若改造，则停产时间短）、效果明显的好方案。但是，这里存在着各

部件间功能匹配的问题。

技术改造一般有相当大的针对性，能及时满足企业生产经营活动发展的需要，且所需费用比更换设备一般来讲要少，它也是企业不断提高技术水平，加快技术进步的一项重要措施。

(3) 设备的更新　更新通常有两个方案：一是原型更新，二是技术更新。

在实际工作中，经常会遇到以下 3 种情况：一是设备在使用期间其效能突然消失者，如电灯泡的灯丝一断，其寿命即告结束，这种情况平时不需保养，坏后也难以修理，在无新产品时，通常采用原型更新的方法；二是现有矿井储量较大，需要改扩建扩大生产能力，被迫更换掉部分技术上比较先进、服务年限还较长的设备，如矿井变电所的主变压器等；三是设备在使用期间，其效能逐渐降低，维护、保养和修理费用逐渐增高。设备更新的大多数属于这一类。

(4) 方案选择与评价方法　对目前企业正在使用的设备，其更新方式实际上包括：继续使用现有设备；现有设备大修理；对现有设备进行现代化改装；用同类型设备更换现有设备；用新型高效设备更换现有设备 5 种不同方式。对设备更新方式的选择与评价一般用总成本现值法或等值年成本法。这里介绍总成本现值法，现有设备投资为沉没成本，以上 5 种方式的总成本现值计算公式如下。

若年运行费用等额或是年平均运行费用，则公式为：

$$PC=\frac{1}{\beta}\left[L-L_N(1+i)^{-N}+\sum_{j=1}^{N}C_j(1+i)^{-j}\right] \quad (6\text{-}9)$$

若年运行费用等额或是年平均运行费用，则公式为：

$$PC=\frac{1}{\beta}\left[L-L_N(1+i)^{-N}+C_j(P/A,i,N)\right] \quad (6\text{-}10)$$

式中　PC——设备更新后使用 N 年时的成本现值；

β——设备更新后生产效率系数；

L——设备更新需追加投资；

L_N——设备更新后 N 年末残值；

C_j——设备更新后第 j 年运行费用；

$(P/A,i,N)$——等额支付现值系数。

以上 5 种更新方式的选择，一般和 N 的取值大小有关，在 N 值一定的情况下，选择成本现值小的更新方式。

【例 6-3】　设备决策时旧设备可售价 3000 元，企业资产年利率 i 为 10%，其他数据如表 6-2 所示，设 5 年末的残值为 0，试计算 N 为 5 年时各种方案的设备总成本现值，并确定其中的最佳方案。

表 6-2　各种方案数据　　单位：元

项　目	现有设备继续使用	现有设备大修	现有设备改造	相同新设备	先进新设备
决策时旧设备可售价	3000	3000	3000	3000	3000
新设备原始费用				10000	13000
追加投资		4000	7000	7000	10000
生产效率系数	0.4	0.82	1.25	1	1.65
年平均运行成本	1000	400	300	250	200

解：设备继续使用时的总成本现值为：

$$PC=\frac{1}{0.4}\times(-0\times0.621+1000\times3.791)=9477.5(元)$$

现有设备进行大修方式的成本现值为：

$$PC=\frac{1}{0.82}\times(4000-0\times0.621+400\times3.791)=6727.3(元)$$

现有设备现代化改装方式的成本现值为：

$$PC=\frac{1}{1.25}\times(7000-0\times0.621+300\times3.791)=6509.8(元)$$

用同类型设备更换现有设备方式的成本现值为：

$$PC=\frac{1}{1}\times(7000-0\times0.621+250\times3.791)=7947.8(元)$$

用新型高效设备更换现有设备方式的成本现值为：

$$PC=\frac{1}{1.65}\times(10000-0\times0.621+200\times3.791)=6520.1(元)$$

由于现有设备现代化改装方式的成本现值最小，故选用现有设备现代化改装方式。

五、任务讨论

(一)任务描述

1. 根据给定的企业条件对现有部分老旧设备进行更新改造。
2. 建议学时:3 学时。

(二)任务要求

1. 能够根据企业实际条件对老旧设备进行技术分析。
2. 根据技术分析结果提出设备更新改造方案。
3. 根据方案对更新改造结果进行验收。

(三)任务实施过程建议

工作过程	学生行动内容	教学组织及教学方法	建议学时
资讯	1. 阅读分析任务书； 2. 收集相关资料	1. 发放工作任务书，布置任务，学生分组； 2. 用典型案例分析引导学生正确分析任务书的内容、收集资料	0.5
决策	1. 根据收集的资料制定多种更新改造方案； 2. 分组讨论，选择最佳更新改造方案	1. 引导学生进行方案的选择； 2. 听取学生的决策意见，纠正不可行的决策方法，引导其最终得到最佳方案	
计划	1. 确定设备更新改造程序； 2. 确定备更新改造内容； 3. 讨论确定验收内容	1. 审定学生编写的更新改造程序、更新改造方案和验收内容； 2. 组织学生互相评审； 3. 引导学生确定计划方案	0.5
实施	1. 对所给条件进行计算、分析； 2. 制定更新改造方案； 3. 制定验收方案	1. 设计可能出现的更新改造中的问题和验收问题，引导学生给出解决方案； 2. 对更新改造方案和验收方案进行审定	1
检查	1. 检查各方案的内容； 2. 对可能出现的相关问题进一步排查	1. 组织学生进行组内互查及组组互查； 2. 与学生共同讨论检查结果	0.5
评价	1. 进行自评和组内评价； 2. 提交成果	1. 组织学生进行自评及组内评价； 2. 对小组及个人进行评价； 3. 给出本任务的成绩并对任务完成情况进行总结	0.5

续表

(四)任务考核		
考核内容	考核标准	实际得分
任务完成过程	70	
任务完成结果	30	
最终成绩	100	

习题与思考

1. 名词解释

设备的有形磨损、无形磨损、经济寿命、技术寿命、物质寿命。

2. 设备的3种寿命是什么？

3. 设备技术改造有何意义？

4. 煤矿企业设备改造的重点是什么？

5. 设备技术改造与更新应遵循的原则是什么？

6. 某设备购置费用5000元，使用年限10年，第一年运行费用1000元，以后每年递增400元，不计残值，求设备经济寿命为多少年？(答案：$N=5$ 年)

参考文献

[1] 邵泽波，陈庆．机电设备管理［M］．北京：化学工业出版社，2005.

[2] 杨尊献．煤矿安全生产管理规范［M］．徐州：中国矿业大学出版社，2011.

[3] 徐景德．煤矿安全生产管理人员培训教材［M］．徐州：中国矿业大学出版社，2004.

[4] 张友诚．现代企业设备管理［M］．北京：中国计划出版社，2006.

[5] 李俊德．煤矿机电设备管理［M］．北京：煤炭工业出版社，2008.

[6] 郭雨．煤矿机电设备［M］．徐州：中国矿业大学出版社，2005.

[7] 矿山固定设备专家组．现代矿山设备选型、运行管理、操作与维护技术实用手册［M］．北京：煤炭工业出版社，2008.

[8] 李正祥．煤矿机电设备管理［M］．重庆：重庆大学出版社，2010.

[9] 高正军．矿山工程安全员一本通［M］．武汉：华中科技大学出版社，2008.

[10] 国家安全生产监督管理总局，国家煤矿安全监察局．煤矿安全规程［M］．北京：煤炭工业出版社，2011.

[11] 郁君平．设备管理［M］．北京：机械工业出版社，2007.

[12] 由建勋．现代企业管理［M］．北京：高等教育出版社，2008.